JN336255

ヒルベルト空間のスピノル

ディラック著
喜多秀次訳

物理学叢書
52

吉岡書店

Spinors in Hilbert Space

P. A. M. Dirac

Center for Theoretical Studies
University of Miami
Coral Gables, Florida

Copyright ©1974 by Plenum Press
Japanese translation rights arranged
with Prenum Press, New York
through Tuttle-Mori Agency Inc., Tokyo

PLENUM PRESS • NEW YORK AND LONDON

目　次

緒　言

有限次元

偶数次元

術語索引

緒　　言

1．ヒルベルト空間

本書では常に「ヒルベルト空間」という言葉を数学者のいう可分ヒルベルト空間の意味で用いる．それはベクトルで構成され、各ベクトルは可付番無限個の座標 $q_1, q_2, q_3, \ldots.$ をもつ．通常これらの座標は複素数と考えられ、各ベクトルは平方長 $\Sigma_r |q_r|^2$ をもつ．q が1つのヒルベルトベクトルを指定できるためには、この平方長が収束しなければならない．

実部と虚部を用い、q_rを $q_r = x_r + iy_r$ と表そう。そうすると平方長は $\Sigma_r(x_r^2 + y_r^2)$ である．これら x と y はあるベクトルの座標と見なせる．そのベクトルはやはりヒルベルトベクトルではあるが、実ヒルベルトベクトルであり、実座標しかもたない．

こうして、1つの複素ヒルベルトベクトルは1つの実ヒルベルトベクトルを一意的に定義する．この第二のベクトルは一見、第一のベクトルの2倍も多くの座標をもつように見える．しかし、可付番無限の2倍はまた可付番無限である．それゆえ第二のベクトルは第一のベクトルと同数の座標をもつ．したがって複素ヒルベルトベクトルは、実ヒルベルトベクトルよりも一般性の高い量ではない．

実ヒルベルト空間のほうがより要素的な概念である．複素ヒルベルト空間はある構造の導入されている実ヒルベルト空間と見なされるべきである．即ち、座標の対構成が導入され、その各対が1つの複素数と考えられているのである．そうすると、これら複素数の位相因子を変更することは、そのヒルベルト空間においてある特殊な回転を施すことに当る.

無構造の実ヒルベルト空間には、特殊な線形変換が全くなく、すべての線形変換が対等である. このことは一般の数学的理論に最もふさわしい基礎である. 特殊な変換の存在は基本的諸概念の論議を複雑にするであろう. それゆえわれわれはベクトルが実座標をもつ実ヒルベルト空間を扱う.

2. スピノル

スピノルは、テンソルと同様、空間に埋め込まれた幾何学的対象であり、その空間の座標変換のもとで線形に変換する成分をもつ. スピノルとテンソルとの相違は、1つの軸のまわりを完全に1まわりするとき、スピノルは符号を変えるが、テンソルは符号を変えない、という点にある. スピノルはそれゆえ常に符号の不明確さと関連している.

スピノルは（1よりも大きい）どんな次元数の実ユークリッド空間においても存在する. スピノルはまた、垂直性*1)の概念が意味をもつ他の空間、例えば、物理学のミンコウスキー空間においても存在する. 3次元ユークリッド空間と比べた場合、この空間に登場する時間という余分の次元は、スピノル理論にさほど重大な影響を及ぼさない. 支配的に重要であるのは、ユークリッド空間の普通の垂直性をもつ次元なのである.

ヒルベルト空間はまさに次元数が無限大のユークリッド空間であり、それも、その中のベクトルの座標に課される収束条件によって明確化がなされた空間である. われわれは最初にn次元ユークリッド空間のスピノルを調べ、その後に、$n\to\infty$を行うことによってヒルベルト空間におけるスピノルを研究するであろう.

n次元ユークリッド空間におけるスピノルの理論を確立する道は色々あるが、本書では、後の移行$n\to\infty$が容易にできるような方途を選んだ.

---

*1) 本文中にこのような標識を付けた個所に対する訳注は巻末に番号順にまとめてある.

有限次元

3．n次元における回転

n次元ユークリッド空間を考える．そこでは、ベクトルqは座標、q_r $(r = 1, 2, \ldots, n)$ をもつ．当分の間、qを実ベクトルに制限しよう．そうすると q_r は実数である．ベクトルqは平方長 $q_r q_r$ をもつ．ここに添字 r について和がとられるものとする．われわれはそれをスカラー積 (q, q) とも書く．

このベクトル空間のある回転を考えよう．各ベクトル q はその際、座標

$$q_r^* = R_{rs} q_s \tag{3.1}$$

をもつベクトル q^* に変る．ここに R_{rs} は実数である．ベクトルの長さも、2つのベクトル q と p とのスカラー積も回転によって変更を受けない．それゆえ

$$q_r p_r = q_r^* p_r^* = R_{rs} q_s R_{rt} p_t$$

である．これがすべてのベクトル q と p について成り立つためには

$$R_{rs} R_{rt} = \delta_{st} \tag{3.2}$$

でなければならない．

このR_{rs}はある行列Rの行列要素と見なすことができる．その転置行列を$R^{\sim}$と書き表すことにすれば、その行列要素は$R^{\sim}{}_{rs} = R_{sr}$である．条件（3.2）は行列方程式として

$$R^{\sim} R = 1 \tag{3.3}$$

と書ける．この性質をもつ行列Rは直交行列と呼ばれる．

単位行列と無限小だけ異なる回転Rを考えることができる．そうすると

$$R = 1 + \varepsilon A$$

ここに ε は無限小の実数であり、A は実要素をもつ他の行列である．条件

(3.3) はいまや

$$A^{\sim} = -A \qquad \text{または} \qquad A_{rs} = -A_{sr} \tag{3.4}$$

を与える．行列Aは反対称である．どの有限回転も無限小回転から築き上げられる．

行列Sの行列式を表すのに記号$\{S\}$を用いよう．方程式 (3.3) から

$$\{R^{\sim}\}\{R\} = 1$$

あるいは

$$\{R\}^2 = 1$$

従って

$$\{R\} = \pm 1$$

であることがわかる．回転は無限小回転から築き上げられるから

$$\{R\} = 1$$

でなければならない．(3.1) と (3.2) を満たし、

$$\{R\} = -1$$

を満たすベクトルqの変換は反転である．

4．ヌルベクトルとヌル平面

今度は複素座標 q_r をもつ複素ベクトルqを導入しよう．複素ベクトルqの平方長は依然(q, q)のままである．もし

$$(q, \bar{q}) = 1$$

ならば、複素ベクトルqは規格化されているという．これは長さが1であるという条件とは異なる．

2つの複素ベクトル qとpは、もし$(q, p) = 0$ならば垂直であるといい、もし$(q, \bar{p}) = 0$ならば直交しているという．われわれは、上記の諸関係をすべて不変に保つ実のR_{rs}をもつ実回転に固執するであろう．

複素ベクトルqは零の長さをもつこと、即ち、

$$(q, q) = 0$$

を満たすことが許容される．これは自己垂直ということで、その場合 q はヌルベクトルと呼ばれる．ヌルベクトルの複素共役ベクトル $\bar{q}$ もまたヌルベクトルである．その中のどのベクトルもみなヌルベクトルであるような m 次元平面をつくることができる．そのような m 平面をヌル m 平面という．ヌル m 平面を得るには、互いに垂直な m 個の独立なヌルベクトル $q_a\ (a = 1, 2, \ldots, m)$ をもたねばならない：

$$\sum_r q_{ra}q_{rb} = 0 \qquad a, b = 1, 2, \ldots, m \tag{4.1}$$

そうすれば、いかなる複素数 c を用いたそれらの線形結合 $\Sigma_a c_a q_{ra}$ もヌルベクトルである．したがってこれらのベクトルは１つのヌル平面を張る．このヌル平面内のどの２つのベクトルも垂直である．

それらの複素共役ベクトル $\bar{q}$ は別のヌル m 平面を張る．

5．独立性定理

もしベクトル $q_1, q_2, \cdots, q_m$ が１つのヌル平面内の独立なベクトルであるならば、ベクトル $q_1, q_2, \cdots, q_m$, $\bar{q}_1, \bar{q}_2, \cdots, \bar{q}_m$ はすべて独立である．

この定理を証明するために、仮にこの定理が真ではなくベクトル $q_a, \bar{q}_a$ の間に複素数 c_a, c'_a を係数とする１つの関係

$$\sum_a (c_a q_a + c'_a \bar{q}_a) = 0 \tag{5.1}$$

があるとしよう．２つのベクトル $\Sigma_a c'_a \bar{q}_a$ と $\Sigma_b \bar{c}_b \bar{q}_b$、は１つのヌル平面内にあるから垂直である．即ち

$$\left(\sum_a c'_a \bar{q}_a, \sum_b \bar{c}_b \bar{q}_b \right) = 0$$

である．したがって方程式（5.1）は

$$\left(\sum_a c_a q_a, \sum_b \bar{c}_b \bar{q}_b \right) = 0$$

を与え、そして、それゆえに

$$\sum_a c_a q_a = 0$$

を与える．ベクトル q_a はみな独立なのだから係数 c_a は消えねばらない．したがって方程式（5.1）の各項が別々に消えなければならない．

この定理の系として、ヌル平面の次元数は $\frac{1}{2}n$ を越えない、ことがわかる．

もし n が偶数ならば、最大ヌル平面は $\frac{1}{2}n$ 次元をもつ．その場合には、独立性定理から、１つの最大ヌル平面とその複素共役とで全空間を張る、即ち、どのベクトルもこのヌル平面内の１つのベクトルと、その共役ヌル平面内の１つのベクトルとの和として表されることがわかる．

もし n が奇数ならば、最大ヌル平面は $\frac{1}{2}(n-1)$ 次元をもつ．この場合、ベクトル $q_a+\bar{q}_a,\ i(q_a-\bar{q}_a)$ が $n-1$ 個の独立な実ベクトルの１組を形成する．それらのすべてに垂直な１つの実ベクトル q_0 を採ろう．そうすると、その最大ヌル平面と複素共役平面とこのベクトル q_0 とで全空間を張る．

１つの最大ヌル平面を特定するのに必要な独立の実パラメタの個数を数え上げることは容易にできる．それは n が偶数の場合には $\frac{1}{2}n(\frac{1}{2}n-1)$ であり、n が奇数の場合には $\frac{1}{2}(n-1)\frac{1}{2}(n+1)$ であることがわかる．*2)

6．座標を用いずにヌル平面を特定すること

$(q_a, q_b)=0$ を満たす m 個の独立なベクトル q_a は、１つの m 次元ヌル平面を特定するだけでなくその平面内の１つの座標系をも特定する．なぜなら、その平面内のどのベクトル p も

$$p=\sum_a c_a q_a$$

と表すことができ、c_a が p の座標を形成するからである．q_a を、q_a の線形結合によって得られるどの m 個の独立なベクトル q_a^* で置換えてもよい．そのとき q_a^* は同じヌル平面を特定する．しかし q_a^* がこの平面内に特定する座標系は q_a のそれと異なる．

もし q_a として、すべて直交していて

$$(q_a, \bar{q}_b)=0 \qquad a \neq b$$

しかも

$$(q_a, \bar{q}_a) = 1$$

に規格化されているもの、即ち、

$$(q_a, \bar{q}_b) = \delta_{ab}$$

であるものを採用すると、そのヌル平面に対する特別に単純な座標系が得られる．ヌル平面を特定するこのような q は正規直交であるという．

ヌル平面の特定をその中の如何なる座標の特定もせずに行うには、どうすればよいかを考察しよう．線形演算子 ω を次の３つの条件によって定義する：

（i） ω をそのヌル平面のどのベクトルに作用させても、そのベクトルの i 倍を与える、

$$\omega q_a = i q_a$$

（ii） ω をその共役ヌル平面のどのベクトルに作用させてもそのベクトルの $-i$ 倍を与える、

$$\omega \bar{q}_a = -i \bar{q}_a$$

（iii） ω をこのヌル平面とその共役平面との両方に垂直な如何なるベクトルに作用させても零を与える：すべての a に対して

$$\left.\begin{array}{l}(u, q_a)\\ (u, \bar{q}_a)\end{array}\right\} = 0$$

ならば

$$\omega u = 0$$

演算子 ω は条件（i），（ii），（iii）によって完全に定義される．なぜなら、如何なるベクトルも、その条件のなかで言及されている３つのベクトルによって表現することができるからである．

そのヌル平面のベクトルが ω の固有値 i に属する固有ベクトルであり、そして、共役ヌル平面のベクトルが ω の固有値 $-i$ に属する固有ベクトルであり、また、それらに垂直なベクトルが ω の固有値０に属する固有ベクトルだ、とい

うわけである．演算子ωは3つの固有値$\pm i, 0$をもつ．それゆえωは方程式

$$\omega^3 = -\omega \tag{6.1}$$

を満足する．

実ベクトル$q_a + \bar{q}_a$と$iq_a - i\bar{q}_a$および、実垂直ベクトルuは全空間を張る．これらの実ベクトルにωが作用すると、3つの場合に応じて他の実ベクトル$iq_a - i\bar{q}_a, -q_a - \bar{q}_a$, 0 を与える．$\omega$が座標$v_r$のどの実ベクトル$v$に作用してもその結果は、座標が

$$(\omega v)_r = \omega_{rs} v_s$$

の他の実ベクトルωvである．したがって要素ω_{rs}はすべて実である．ゆえにωは実行列である．

ωが反対称：

$$\omega_{rs} = -\omega_{sr} \tag{6.2}$$

であることは容易にわかる．そのためには、どの2つのベクトルyとy'に対しても

$$(y, \omega y') = -(y', \omega y)$$

であることを検証しなければならない．これはyとy'がq，$\bar{q}$，u のいずれかであるすべての場合について検証できる；例えば

$$(q, \omega q') = (q, iq') = 0 = -(q', \omega q)$$

$$(\bar{q}, \omega q') = (\bar{q}, iq') = -(q', -i\bar{q}) = -(q', \omega \bar{q})$$

このヌル平面は、実要素をもち（6.1）と（6.2）を満足する1つの演算子ωを決定する．逆に、実要素をもち（6.1）と（6.2）を満足する如何なる演算子ωも、1つのヌル平面を決定する．これを証明するために、ωの固有値iに属するすべての固有ベクトル　$q_a, q_b, \cdots$　を採ろう．

これらのうちのどの1対q_a, q_bに対してもわれわれは

$$(q_a, \omega q_b) = q_{ra} \omega_{rs} q_{sb} = -(q_b, \omega q_a)$$

をもつ．ところで

$$(q_a, \omega q_b) = i(q_a, q_b)$$

であり、

$$(q_b, \omega q_a) = i(q_b, q_a)$$

である．ゆえに $(q_a, q_b) = 0$. ここで $b = a$ と置くと、$(q_a, q_a) = 0$ を得る．ゆえにベクトル q_a, q_b は１つのヌル平面を形成する．

このようにヌル平面と演算子 ω とは互いに決定し合う．演算子 ω はヌル平面を、そのなかの如何なる座標にも参照せずに、決定する．

もし、n が偶数で、しかも、当該ヌル平面が最大ヌル平面であるならば、q と $\bar{q}$ のすべてに垂直なベクトル u は全く存在しない．この場合には

$$\omega^2 = -1 \qquad (m = \tfrac{1}{2}n)$$

である．y がどんなベクトルでも

$$q = (1 - i\omega)y$$

とおけば

$$\omega q = iq$$

を得る．従って、この q はそのヌル平面内にある．

n が偶数の場合には、演算子 ω を『完全四半転』と名付けることができる．それは $\omega^4 = 1$ だから四半転である．そして『完全』というのは、ω がどのベクトルをも１つの垂直なベクトルに転ずることを意味する．

7．行列記法

ヌル平面の理論に現れる方程式は行列記法の全般的使用によって通常一層便利に表現される得る．１つのヌル平面を決定するベクトル q_{ra} を考えよう．下付の添字 r は値 $1, 2, \ldots, n$, をとり、一方 a は値 $1, 2, \ldots, m$ をとる．したがって数 q_{ra} は n 行 m 列の行列 q を形成する．ここに $m \leq \frac{1}{2}n$．それは

のように見える長方形の行列であろう．この行列の転置行列$q^{\sim}$はm行n列の

のような長方形の行列であろう．

行列と行列との積は、左因子の列が右因子の行と（1, 1）対応にあればつくることができる．それゆえ、行列qには左からn行n列の正方行列を乗ずることができる．そのような行列を、大きい正方行列と呼ぼう．同様にqには右からm行m列の行列を乗ずることができる．そのような行列を小さい正方行列と呼ぼう．

§3の行列R, Aは大きい正方行列である．(3.3)の右辺の記号1はいうまでもなく大きい単位行列である．大きい単位行列を表すにも、小さい単位行列を表すにも行列としての記号1を用いることにしよう．各々の場合にそれがどちらであるかは文脈から明白となろう．同様に、記号0は、その要素がすべて零の行列を表す．それは、大きい正方行列か、小さい正方行列か、あるいは長方行列でさえあり得る．

ヌル平面に対する条件（4.1）は行列記法で

$$q^{\sim}q = 0 \tag{7.1}$$

となる．ベクトルq_aが全部独立という条件は、$q_{ra}c_a = 0$が成り立つような数c_aが存在しない、即ち、$qc = 0$であるような小さい列−行列cが存在しない、ことを意味する．このことから、小さい正方行列$\bar{q}^{\sim}q$に逆行列の存在することがわかる．もしそうでなければ$\bar{q}^{\sim}qc = 0$であるような小さい列−行列cが存在することになり、それは$\bar{c}^{\sim}\bar{q}^{\sim}qc = 0$に、従って$qc = 0$に導くことになるからである．そういうわけで$(\bar{q}^{\sim}q)^{-1}$と$(q^{\sim}\bar{q})^{-1}$が存在する．

§6のωを計算しよう．ωは大きい正方行列であり、3条件(i), (ii), (iii)を満足しなければならない．それは

$$\omega = iq(\bar{q}^{\sim}q)^{-1}\bar{q}^{\sim} - i\bar{q}(q^{\sim}\bar{q})^{-1}q^{\sim} \tag{7.2}$$

であることが容易に確められる．なぜならば、ωに対するこの表式は、(7.1)

の援けを借りて

$$\omega q = iq(\bar{q}^{\sim} q)^{-1}\bar{q}^{\sim} q = iq$$

$$\omega \bar{q} = -i\bar{q}(q^{\sim}\bar{q})^{-1}q^{\sim}\bar{q} = -i\bar{q}$$

を与えるし、また、もし u が $q^{\sim}u = 0$ と $\bar{q}^{\sim}u = 0$ を満足する大きい列－行列ならば $\omega u = 0$ を与えるからである．

大きい正方行列

$$q(\bar{q}^{\sim} q)^{-1}\bar{q}^{\sim} + \bar{q}(q^{\sim}\bar{q})^{-1}q^{\sim} \tag{7.3}$$

を考察しよう．これを左から q に乗ずると、ちょうど $\boldsymbol{q}$ となる．また $\boldsymbol{\omega}$ を左から $\bar{\boldsymbol{q}}$ に乗ずると、ちょうど $\bar{\boldsymbol{q}}$ となる．このように（7.3）は当該ヌル平面の如何なるベクトル、あるいは、その共役ヌル平面の如何なるベクトルに乗じても、そのベクトルを再現する．

さて、$\boldsymbol{n}$ が偶数で、且つ、当該ヌル平面が最大である場合、つまり、$\boldsymbol{m} = \frac{1}{2}\boldsymbol{n}$ の場合を取上げよう．この場合には、そのヌル平面のベクトルと共役ヌル平面のベクトルとで全空間が張られる．そうすると（7.3）はどのベクトルに乗じてもちょうどそのベクトルを再現する．従ってそれは単位演算子である：

$$q(\bar{q}^{\sim} q)^{-1}\bar{q}^{\sim} + \bar{q}(q^{\sim}\bar{q})^{-1}q^{\sim} = 1 \qquad (m = \tfrac{1}{2}n) \tag{7.4}$$

（7.4）と（7.2）を組合せて単独の方程式

$$\tfrac{1}{2}(1 - i\omega) = q(\bar{q}^{\sim} q)^{-1}\bar{q}^{\sim} \qquad (m = \tfrac{1}{2}n) \tag{7.5}$$

が得られ、これはその実部と虚部として（7.4）と（7.2）を再現する．

もし $\boldsymbol{q}$ が正規直交であるならば、$\bar{q}^{\sim}q = 1$ が成り立ち、(7.2), (7.4), (7.5) は

$$\omega = iq\bar{q}^{\sim} - i\bar{q}q^{\sim} \tag{7.6}$$

$$1 = q\bar{q}^{\sim} + \bar{q}q^{\sim} \qquad (m = \tfrac{1}{2}n) \tag{7.7}$$

$$\tfrac{1}{2}(1 - i\omega) = q\bar{q}^{\sim} \qquad (m = \tfrac{1}{2}n) \tag{7.8}$$

となる．

ベクトル u の座標 $u_1, u_2, u_3, \ldots$ を横に順次並べて書くと、単行－行列が形

成される．また上から下へと順次並べて書くと、単列－行列が形成される．この列－行列に対しては、そのベクトルと同じ記号$\boldsymbol{u}$を用いよう．そうすると上記の行－行列は$\boldsymbol{u}^{\sim}$と書かれる．$\boldsymbol{v}$をもう１つのベクトルとすると、それらのスカラー積は行列記法では $\boldsymbol{u}^{\sim}\boldsymbol{v}$である．それは１行１列の行列として現れる．そのような行列はその転置行列に等しい．

$$\boldsymbol{u}^{\sim}\boldsymbol{v} = \boldsymbol{v}^{\sim}\boldsymbol{u} \tag{7.9}$$

８．無限小回転による回転の表式

無限小回転$\boldsymbol{A}$から

$$\boldsymbol{R} = e^{\boldsymbol{A}} \tag{8.1}$$

によって有限回転$\boldsymbol{R}$を築き上げることができる．$\boldsymbol{A}$に対する反対称性条件は$\boldsymbol{R}$に対する直交条件（3.3）に帰着する．なぜなら、それは

$$\boldsymbol{R}^{\sim} = (e^{\boldsymbol{A}})^{\sim} = e^{\boldsymbol{A}^{\sim}} = e^{-\boldsymbol{A}} = \boldsymbol{R}^{-1} \tag{8.2}$$

を与えるからである．ここで考察しなければならない問題は、ある直交行列$\boldsymbol{R}$が与えられたとき、(8.1) を満足する反対称行列$\boldsymbol{A}$を見出だすことができるか、である．

$\boldsymbol{R}$の固有ベクトルを考察しよう．それらを大きな列－行列として書く．

$\boldsymbol{u}_\lambda$ を固有値 λ に属する１つの固有ベクトルであるとしよう：

$$\boldsymbol{R}\boldsymbol{u}_\lambda = \lambda\boldsymbol{u}_\lambda \tag{8.3}$$

直交条件はλが零ではあり得ないことを保証している．各λに対して１つの数$\boldsymbol{a}_\lambda$ 、即ち、λの対数のうちの１つ、を選択し、しかる後$\boldsymbol{A}$を

$$\boldsymbol{A}\boldsymbol{u}_\lambda = \boldsymbol{a}_\lambda\boldsymbol{u}_\lambda \tag{8.4}$$

によって定義しよう．如何なるベクトルも$\boldsymbol{R}$の固有ベクトルを用いて表せるから、(8.4) によって$\boldsymbol{A}$は完全に定義されている．さて

$$e^{\boldsymbol{A}}\boldsymbol{u}_\lambda = e^{a_\lambda}\boldsymbol{u}_\lambda = \lambda\boldsymbol{u}_\lambda = \boldsymbol{R}\boldsymbol{u}_\lambda$$

である．ゆえにこの$\boldsymbol{A}$は（8.1）を満足する．しかし、この$\boldsymbol{A}$は一般に反対称

というわけではない．それが反対称であるようにするには特殊な仕方で対数を選択しなければならない．

v_μ を固有値 μ に属するもう１つの固有ベクトルであるとしよう：

$$Rv_\mu = \mu v_\mu \tag{8.5}$$

この方程式の転置式は

$$v_\mu^\sim R^\sim = \mu v_\mu^\sim$$

ここに $v_\mu^\sim$ は大きい行ー行列である．u_λ と v_μ のスカラー積は

$$v_\mu^\sim u_\lambda = v_\mu^\sim R^\sim R u_\lambda = \mu v_\mu^\sim \lambda u_\lambda$$

である．従って

$$(1-\lambda\mu) v_\mu^\sim u_\lambda = 0 \tag{8.6}$$

ゆえに $\lambda\mu = 1$ でなければ、このスカラー積は零である．$\mu = \lambda$ ，および $v_\mu = u_\lambda$ と置くと

$$(1 - \lambda^2) u_\lambda^\sim u_\lambda = 0$$

を得る．ゆえに、λ が±１に等しくなければ u_λ は ヌルベクトルである．

もし λ が±１に等しくない固有値であれば λ^{-1} がもう１つの固有値でなければならないことがわかる．なぜなら、もしそうでないとすると、(8.6) から、u_λ はどの固有ベクトルにも垂直、従って、どのベクトルにも垂直である、ということになってしまうからである．この論証の自然な延長により、±１に等しくない λ に対して、固有値 λ に属する独立な固有ベクトルの数は固有値 λ^{-1} に属する数に等しいことが示される．*3)

A が反対称であるための条件は、ベクトルのどの対 a，b に対しても

$$a^\sim Ab + b^\sim Aa = 0$$

が成り立っていることである．どのベクトルも固有ベクトルを用いて表せるから、a と b を固有ベクトルにとれば充分である．従ってこの条件は

$$v_\mu^\sim Au_\lambda + u_\lambda^\sim Av_\mu = 0$$

である．これは (8.4) と、v_μ に対する (8.4) に対応する方程式とから

$$a_\lambda v_\mu^\sim u_\lambda + a_\mu u_\lambda^\sim v_\mu = 0$$

あるいは

$$(a_\lambda + a_\mu)v_\mu^\sim u_\lambda = 0 \tag{8.7}$$

となる．

もし $\lambda\mu$ が 1 でなければ（8.6）は $v_\mu^\sim u_\lambda = 0$ を与え、（8.7）が満足される．もし $\lambda\mu = 1$ であり、且つ、λ が ± 1 でなければ、（8.7）は、± 1 に等しくない各 λ に対して

$$a_{\lambda^{-1}} + a_\lambda = 0$$

ととることによって満足させられる．この関係式は $a_\lambda = \log\lambda$ とつじつまがあう．

もし $\lambda\mu = 1$ で、且つ、$\lambda = \mu = 1$ ならば、（8.7）は $a_1 = 0$ ととることによって満足させられる。これは $a_1 = \log 1$ とつじつまがあう．残っているのは、$\lambda\mu = 1$ で、且つ、$\lambda = \mu = -1$ の場合だけで、これについては特別の取扱が要求される．$\lambda = -1$ に対する a_λ として唯一無二のものは全くないのである．

固有値－1に属する独立な固有ベクトルの数は偶数でなければならない．なぜなら、もしそうでないとすると、すべての固有値の積が－1ということになり、それは $\langle\!\langle R \rangle\!\rangle = -1$ であって、変換 R が反転であることを意味するからである．これら固有ベクトルの空間において1つの最大ヌル平面を選び、このヌル平面内のベクトルに対して $a_{-1}(1) = i\pi$ ととり、共役ヌル平面内のベクトルに対しては、$a_{-1}(2) = -i\pi$ ととろう．従っていずれの場合にも $e^{a_{-1}} = -1$ である．ベクトル u, v の1対が共にこのヌル平面内にある場合、或いは、共に共役ヌル平面内にある場合には $v^\sim u = 0$ が成り立ち、また、u, v の一方がこのヌル平面内に、他方が共役ヌル平面内にある場合には、$a_{-1}(1) + a_{-1}(2) = 0$ が成り立つ、従っていずれの場合にも（8.7）が満足される．

上の手続きは問題の1つの解を与える．しかしそれは唯一無二の解ではない．（8.1）を満足する反対称の A は多数存在する．容易に確かめることができるが、上のように選んだ A は実である．[*4)]

9．複素回転

これまでは、行列Rの要素は実であるとして実回転だけを考察してきた．しかし、行列Rが複素で、依然として直交条件（3.2）或いは（3.3）を満足する複素回転（3.1）を考察することもできる．勿論、この直交条件はユニタリ条件とは異なる．

複素回転は実ベクトルqを複素ベクトル q^* に変えるが、その平方長 $q^{*\sim}q^*$ は依然、実で正である．新しいベクトルのどの２つのスカラー積もやはり実である．２つのベクトルが垂直ならば複素回転後も依然垂直である．しかし、２つのベクトルが直交しているならば、複素回転後はもはや直交していない．

複素回転は幾何学的にはかなり人為的であり、非常に興味のあるものではない．しかし代数学的には興味がある．なぜかというと、実回転に対して得られる結果の多くが複素回転に対しても成り立つからである．

特に前節の結果は複素回転に適用される．もしRが実ならば、その固有値はすべて絶対値が１であり、どの固有値λに対しても固有値$\bar{\lambda}$が存在し、そして、それは λ^{-1} と同じである.[*5)] Rが複素の場合は、依然、どの固有値λに対しても１つの固有値 λ^{-1} が存在するという結果をもつ.[*6)]そして$\lambda=-1$ に対するものを別にすれば前節の手続を遂行することができる．固有値－１については、やはりこの固有値に属する固有ベクトルの空間内に１つの最大ヌル平面を選び、そうして更に、第二の最大ヌル平面を、両者でこれら固有ベクトルの全空間を張るように選ぶ．そのようにして、やはり、第一のヌル平面内のベクトルに対して$a_{-1}(1)=i\pi$ ととり、第二のヌル平面内のベクトルに対して $a_{-1}(2)=-i\pi$ ととる．そうすれば再びすべての条件が満足される．

勿論、Rが実の場合でも、これら２つの一般の最大ヌル平面で作業をし、（8.1）を満足する反対称のAを得ることができる．この第二の最大ヌル平面を第一のものの共役平面ととることによって、われわれはAが実であることを保証するのである．

回転に関して行う今後の作業は、一般に、複素回転に対して成り立つであろう．そしてその結果のもつ威力は主としてこの事情からくる．

10. 非可換代数

ベクトル空間の各次元に１つずつ連合される量ξ_rを１組導入しよう．但しこれらξは互いに反可換で、自乗が１であるとする；

$$\xi_r\xi_s + \xi_s\xi_r = 2\delta_{rs} \tag{10.1}$$

ξは実演算子またはエルミート演算子と考えることができる．なぜなら(10.1)は、iの代りに$-i$と置き、各積において因子の順序を変えても、そのまま成り立つからである．

ξは１つのベクトルの成分とみなしてよい．従って諸ベクトルを（3.1）に従って回転するとき、ξ_rは

$$\xi_r^* = R_{rs}\xi_s \tag{10.2}$$

に変わる．このξ^*は、回転が実回転か複素回転かに応じて、実または複素である．

反交換子の記法 $[\alpha, \beta]_+ = \alpha\beta + \beta\alpha$ を用いると

$$[\xi_r^*, \xi_s^*]_+ = R_{rt}R_{su}[\xi_t, \xi_u]_+ = 2R_{rt}R_{su}\delta_{tu}$$

$$= 2R_{rt}R_{st} = 2\delta_{rs}$$

である．それゆえξの性質（10.1）は回転のもとで不変のまま残る．

Kを何でもよい、１つの大きい正方行列としよう．これとξとから演算子

$$\xi_r K_{rs} \xi_s$$

を構成することができる．ξ_rは、大きい列一行列ξ、或いは大きい行一行列$\xi^\sim$を形成すると考えて、この演算子を行列記法で

$$\xi^\sim K\xi \tag{10.3}$$

と書くことができる.

（10.1）から

$$\xi_r K_{rs} \xi_s + \xi_s K_{rs} \xi_r = 2K_{rs}\delta_{rs} = 2<K>$$

を得る．ここに$\langle X \rangle$は行列Xの対角和を表す．従って

$$\xi^{\sim} K \xi + \xi^{\sim} K^{\sim} \xi = 2<K> \tag{10.4}$$

が成り立つ.

もしKが対称ならば、$K = K^{\sim}$ であり、

$$\xi^{\sim} K \xi = <K>$$

となる．従ってその場合には（10.3）はまさに1つの数である．（10.3）に数でない項を寄与するのは、Kの反対称部分だけである.

Aを大きい反対称行列とし、演算子

$$\mathscr{A} = \tfrac{1}{4}\xi^{\sim} A \xi \tag{10.5}$$

を構成しよう．Bをもう1つの大きい反対称行列とし、同様に

$$\mathscr{B} = \tfrac{1}{4}\xi^{\sim} B \xi$$

をつくろう．そうすると

$$\begin{aligned}\mathscr{A}\mathscr{B} - \mathscr{B}\mathscr{A} &= \tfrac{1}{16}A_{rs}B_{tu}(\xi_r\xi_s\xi_t\xi_u - \xi_t\xi_u\xi_r\xi_s)\\ &= \tfrac{1}{16}A_{rs}B_{tu}\{\xi_r(2\delta_{st} - \xi_t\xi_s)\xi_u\\ &\qquad - \xi_t(2\delta_{ur} - \xi_r\xi_u)\xi_s\}\\ &= \tfrac{1}{8}A_{rs}B_{tu}\{\delta_{st}\xi_r\xi_u - \delta_{rt}\xi_s\xi_u - \delta_{ur}\xi_t\xi_s\end{aligned}$$

$$+ \delta_{us}\xi_t\xi_r\}$$

$$= \tfrac{1}{4}\xi^{\sim}(AB - BA)\xi \qquad (10.6)$$

を得る．かくて、Aを$\mathscr{A}$と結びつけ、Bを$\mathscr{B}$と結びつける公式と同じ公式によって大きい反対称行列$AB - BA$は演算子$\mathscr{A}\mathscr{B} - \mathscr{B}\mathscr{A}$と結びつけられる．この結果を確保するためには公式の中の$\frac{1}{4}$という因子が必要である．

11．回転演算子

ξに適用された或る回転（複素であってよい）、

$$\xi_r^* = \xi_s R_{sr}$$

即ち

$$\xi^{*\sim} = \xi^{\sim} R \qquad (11.1)$$

を考察しよう．これは変換（10.2）の逆である．さて、以下では

$$\xi_r^* = \mathscr{R}\xi_r\mathscr{R}^{-1} \qquad (11.2)$$

であるような演算子$\mathscr{R}$を得ることができることを示そう．そのような$\mathscr{R}$を回転演算子と呼ぶ．$\mathscr{R}$の満たさねばならない方程式は

$$\xi_s R_{sr} = \mathscr{R}\xi_r\mathscr{R}^{-1} \qquad (11.3)$$

である．

最初に無限小回転$R = 1 + \varepsilon A$の場合を考察しよう．ここにAは反対称である．（10.5）によって$\mathscr{A}$を定義しよう．そうすると

$$\mathscr{A}\xi_r - \xi_r\mathscr{A} = \tfrac{1}{4}A_{st}(\xi_s\xi_t\xi_r - \xi_r\xi_s\xi_t)$$

$$= \tfrac{1}{4}A_{st}\{\xi_s(\xi_t\xi_r + \xi_r\xi_t) - (\xi_r\xi_s + \xi_s\xi_r)\xi_t\}$$

$$= \tfrac{1}{2}(A_{sr}\xi_s - A_{rt}\xi_t)$$

$$= \xi_s A_{sr} \tag{11.4}$$

が得られる．ゆえに ε の１次の程度まで

$$e^{\varepsilon\mathscr{A}}\xi_r e^{-\varepsilon\mathscr{A}} = \xi_s(1 + \varepsilon A)_{sr}$$

が成り立ち、方程式（11.3）は、無限小回転の場合に対して、満足される．

有限回転の場合は、無限小回転の場合から築き上げられる．θ のある特定の値に対して

$$e^{\theta\mathscr{A}}\xi_r e^{-\theta\mathscr{A}} = \xi_s(e^{\theta A})_{sr} = (\xi\, e^{\theta A})_r \tag{11.5}$$

が成り立っていると仮定しよう．そうすると、両辺を θ について微分することにより、近傍の θ に対して（11.5）が成り立つことを示すことができる．左辺の導関数は

$$e^{\theta\mathscr{A}}(\mathscr{A}\xi_r - \xi_r\mathscr{A})\, e^{-\theta\mathscr{A}}$$

で、右辺の導関数は

$$(\xi\, e^{\theta A}A)_r = (e^{\theta A}\xi)_s A_{sr}$$

である．これらが相等しいことは、θ の元の値における（11.4）と（11.5）とから帰結される．それゆえ（11.5）は一般的に成り立つ．$\theta = 1$ ととれば

$$e^{\mathscr{A}}\xi_r e^{-\mathscr{A}} = (\xi\, e^{A})_r \tag{11.6}$$

を得る．

かくてどの回転 R にも、それぞれ１つの回転演算子 $\mathscr{R}$ が対応することが確立される．$\mathscr{R}$ に対する明白な表式を得るためには、その回転を無限小回転の言葉で表現することが必要なのである．

もしその回転が実回転ならば、Aは実にとることができ、その場合、$\mathscr{A}$は反エルミートである．これは$e^{\mathscr{A}}$をユニタリにする．変換（11.2）はその場合、ユニタリ変換である．

12．回転演算子の係数の固定化

与えられた或る回転（11.1）に対して、（11.2）によって与えられる回転演算子$\mathscr{R}$は、任意の数因子を別にして完全に定まる．なぜなら、もし同一のξ_r^*を与える（11.2）を満足する$\mathscr{R}$が２つあったとすると、それらの比は、すべてのξと可換となり、従って１つの数でなければならなくなるからである．われわれは回転演算子の数係数を固定し、そうすることによって、各Rに対して１つの定まった$\mathscr{R}$が存在するようにしたい．

非可換なξの関数であるどの演算子$\mathscr{B}$に対しても、逆転演算子$\mathscr{B}^{\sim}$なる概念を導入する．これは、$\mathscr{B}$の中のどの積においても因子の順序を逆転することによって、$\mathscr{B}$から得られる．演算子の逆転に対して、行列の転置に対するのと同じ記号$^{\sim}$が用いられるが、その理由は、同じ積法則：

$$(\mathscr{B}_1\mathscr{B}_2)^{\sim} = \mathscr{B}_2^{\sim}\mathscr{B}_1^{\sim}$$

が成り立つからである．また

$$(\mathscr{B}^{-1})^{\sim} = \mathscr{B}^{\sim -1}$$

も成り立つ．

方程式（11.3）の諸項を逆転しよう．そうすると

$$\xi_s R_{sr} = \mathscr{R}^{\sim -1}\xi_r\mathscr{R}^{\sim}$$

を得る．従って

$$\mathscr{R}^{\sim -1}\xi_r\mathscr{R}^{\sim} = \mathscr{R}\xi_r\mathscr{R}^{-1}$$

である．これの左に$\mathscr{R}^{\sim}$ を乗じ、右に$\mathscr{R}$を乗ずると、

$$\xi_r \mathscr{R}^{\sim} \mathscr{R} = \mathscr{R}^{\sim} \mathscr{R} \xi_r$$

を得る．かくて $\mathscr{R}^{\sim}\mathscr{R}$ はすべてのξと可換である．従ってそれは1つの数である．これをcとしよう：

$$\mathscr{R}^{\sim} \mathscr{R} = c$$

さて、新しい$\mathscr{R}$を前の$c^{-\frac{1}{2}}$倍に等しくとろう．この新しい$\mathscr{R}$は依然として（11.3）を満たすであろうし、また、規格化条件

$$\mathscr{R}^{\sim} \mathscr{R} = 1 \tag{12.1}$$

をも満たすであろう．この新しい$\mathscr{R}$は、$c^{-\frac{1}{2}}$に伴って生ずる符号の曖昧さを別にすれば、完全に定まる．条件（12.1）は

$$\mathscr{R}^{\sim} = \mathscr{R}^{-1} \qquad \text{または} \qquad \mathscr{R}\mathscr{R}^{\sim} = 1$$

と書くこともできる．

回転は群の性質をもつ．2つの回転SとRを引続いて行うと、第三の回転

$$T = RS \tag{12.2}$$

を得る．これらが回転演算子$\mathscr{S}$, $\mathscr{R}$, $\mathscr{T}$ に対応すると考えると、

$$\mathscr{S} \xi_r \mathscr{S}^{-1} = \xi_s S_{sr}$$

$$\begin{aligned} \mathscr{R}\mathscr{S} \xi_r \mathscr{S}^{-1} \mathscr{R}^{-1} &= \mathscr{R} \xi_s \mathscr{R}^{-1} S_{sr} \\ &= \xi_t R_{ts} S_{sr} = \xi_t T_{tr} \\ &= \mathscr{T} \xi_r \mathscr{T}^{-1} \end{aligned}$$

ゆえにこれから

$$\mathscr{R}\mathscr{S} = k\mathscr{T} \tag{12.3}$$

が従う．ここに k はすべての ξ と可換であり、従って、１つの数である．

さて、回転演算子 $\mathscr{R}, \mathscr{S}, \mathscr{T}$ の各々が規格化条件を満たしていると考えよう．そうすると、

$$k^2\mathscr{T}\mathscr{T}^{\sim} = \mathscr{R}\mathscr{S}(\mathscr{R}\mathscr{S})^{\sim} = \mathscr{R}\mathscr{S}\mathscr{S}^{\sim}\mathscr{R}^{\sim} = 1$$

を得る．従って

$$k^2 = 1$$

であり、

$$\mathscr{R}\mathscr{S} = \pm\mathscr{T}$$

である．規格化された回転演算子は１つの因子± 1 を別にして群の性質をもつ．

13. 符号の曖昧さ

或る回転$\boldsymbol{R}$が、無限小回転によって、

$$\boldsymbol{R} = e^{\boldsymbol{A}} \tag{13.1}$$

のように築き上げられていると考えると、(11.6) に従って回転演算子$\mathscr{R}$は

$$\mathscr{R} = e^{\mathscr{A}} \tag{13.2}$$

である．この回転演算子は規格化されている．なぜなら、$\mathbf{A}$に対する反対称性の条件から

$$\mathscr{A}^{\sim} = \tfrac{1}{4}(\xi_r A_{rs} \xi_s)^{\sim} = \tfrac{1}{4}\xi_s A_{rs} \xi_r = -\mathscr{A}$$

であり、それゆえ

$$\mathscr{R}^{\sim} = e^{\mathscr{A}\sim} = e^{-\mathscr{A}} = \mathscr{R}^{-1}$$

だからである.

公式（13.2）は、符号の曖昧さ無しに、1つの規格化された$\mathscr{R}$を与える．しかし、この$\mathscr{R}$は$\boldsymbol{A}$に依存する．与えられた1つの回転$\boldsymbol{R}$に対して、（13.1）を満たすような$\boldsymbol{A}$を選択する仕方には色々の可能性があり、Aに対する異なる選択は$\mathscr{R}$に対する異なる符号を帰結する．このことは1つの例で示せる.

実回転$\boldsymbol{R} = e^{\theta \boldsymbol{A}}$、ここに、

$$A_{12} = 1, \quad A_{21} = -1 \text{ 、他の } A_{rs} \text{ はすべて零、} \tag{13.3}$$

をとろう．そうすると、われわれは

$$A^3 = -A$$

をもつ．ゆえに

$$\begin{aligned} R = e^{\theta A} &= 1 + \left(\theta - \frac{\theta^3}{3!} + \frac{\theta^5}{5!} - \ldots\right)A \\ &\quad + \left(\frac{\theta^2}{2!} - \frac{\theta^4}{4!} + \frac{\theta^6}{6!} - \ldots\right)A^2 \\ &= 1 + \sin\theta\, A + (1 - \cos\theta)A^2 \end{aligned} \tag{13.4}$$

である．回転$q_r^* = q_s R_{sr}$はいまの場合

$$\begin{aligned} q_1^* &= q_1 \cos\theta - q_2 \sin\theta \\ q_2^* &= q_1 \sin\theta + q_2 \cos\theta \\ q_s^* &= q_s \qquad (s > 2) \end{aligned} \tag{13.5}$$

である．従ってそれはq_1q_2平面における角θだけの回転に相応する．

一方、(10.5) から

$$\mathscr{A} = \tfrac{1}{4}(\xi_1\xi_2 - \xi_2\xi_1) = \tfrac{1}{2}\xi_1\xi_2$$

$$\mathscr{A}^2 = \tfrac{1}{4}\xi_1\xi_2\xi_1\xi_2 = -\tfrac{1}{4}$$

$$e^{\theta\mathscr{A}} = \cos\tfrac{1}{2}\theta + 2\mathscr{A}\sin\tfrac{1}{2}\theta \qquad (13.6)$$

である．

さて、$\theta = 2\pi$ ととろう．そうすると回転 (13.5) はq_1q_2平面における１周となり、それはベクトルを元の値に戻す．(13.6) から、それは代数的演算子$e^{2\pi\mathscr{A}} = -1$ に相応する．無限小回転から築き上げられる、どの軸の周りの１周の回転も、回転演算子－１に相応する．

こうして$R = 1$で、且つ、$\mathscr{R} = -1$であるような１例をもつ．勿論、$R = 1$で$A = 0$ととることが可能であり、その場合は$\mathscr{R} = 1$である．従って、$\mathscr{R}$には符号の不可避的曖昧さが存在する．

14. ケットとブラ

われわれは代数量を用いて作業しているが、これら代数量は、或る種のベクトルに右に作用する線形演算子である、と考えてよい．これらのベクトルをケットと呼び、量子力学の記法に従って$|X\rangle$と書く．ケットに双対的なベクトルはブラと呼び、$\langle Y|$ と書く．１つのブラと１つのケットは１つのスカラー積をもつ．これは $\langle Y|X\rangle$ と書かれ、１つの数である．当該代数量は、ブラに左に作用する線形演算子である、と考えてよい．

左に１つのブラをもち、右に１つのケットをもち、その間に、ξの関数である演算子を何個かもつ

$$\langle Y|\alpha_1\alpha_2\ldots|X\rangle \qquad (14.1)$$

という形の積を作ることができる．それは１つの数である．積の結合則は常に成り立つ．

理論は、ブラとケットとの間で対称的である．ブラとケットは相互の逆転物であると考えてよい．ブラとケット、及び、線形演算子を含むどの方程式も、積の各因子を逆転し、それらの順序を逆転する、という規則に従って逆転することができて、その結果得られるものは１つの正しい方程式である．

§11 での仕事は、元のベクトル空間における１つの回転$\boldsymbol{R}$が

$$\xi_r^* = \mathscr{R}\xi_r\mathscr{R}^{-1} \tag{14.2}$$

であるような１つの回転演算子$\mathscr{R}$を帰結するということを示している．ξのそのような変換は、ケットの変換

$$|X^*\rangle = \mathscr{R}|X\rangle \tag{14.3}$$

及び、ブラの変換

$$\langle Y^*| = \langle Y|\mathscr{R}^{-1} \tag{14.4}$$

と結び付けられる．これらの変換のもとで、(14.1) のような積はすべて不変のまま残される．(14.3) と (14.4) は、ケットまたはブラに適用された回転の効果を与えるもの、と考えてよい．

$\mathscr{R}$における１つの数係数は、変換 (14.2) には影響を与えないが、(14.3) と (14.4) には影響を与える．もし、ケットとブラに回転を適用して、定まった結果を得ようとするのであれば、その回転演算子は定まった係数をもつべきである、ということが必須である．§12と§13での仕事は、回転演算子に符号の曖昧さを別にすれば定まった係数を与え得ることを示している．従って、ケットまたはブラへの特定の回転の適用は、符号の曖昧さを別にすれば、定まった結果を与える．

この負の符号は、１つの軸の周りの１周の回転を築き上げることに関連して

いる．かくてこれらケットとブラはスピノルである．

それらは最も要素的な種類のスピノルである．それらの積をとることによって、丁度、時空におけるスピノルに対してファン・デル・ヴェルデンによって行われたように、より複雑な種類のスピノルを構成することができる．しかしここでは要素的な種類のスピノルだけを扱うことにする．

15. 単純ケット

或るケット$|Q\rangle$が幾つかの線形の条件

$$(q_{ra}\xi_r + q'_a)|Q\rangle = 0 \qquad (a = 1, 2, \ldots) \tag{15.1}$$

を満たしているとしよう．ここにq_{ra}, q'_aは数である．もし$|Q\rangle$に可能な限り多くのそのような条件を課すと、$|Q\rangle$は、任意の数係数を別にして、完全に定まる．

条件（15.1）のどの２つからでも、それらの線形結合を作って、新しく得られる条件がq'_a項を全く含まぬようにすることができる．こうして、$a = 1$と$a = 2$の条件から

$$(q'_2 q_{r_1} - q'_1 q_{r_2})\xi_r|Q\rangle = 0$$

が得られる．それゆえ、条件（15.1）を書き換えて、すべて、或いは、１つを除いたすべてが、q'_a項を含まぬようにすることができる．かくてそれらは

$$q_{ra}\xi_r|Q\rangle = 0 \qquad a = 1, 2, \ldots \tag{15.2}$$

のように、但し、場合によってはもう１つの方程式

$$(y_r\xi_r + 1)|Q\rangle = 0 \tag{15.3}$$

を伴って、現れる．

方程式（15.2）が互いに調和しているためには

$$[q_{ra}\xi_r, q_{sb}\xi_s]_+|Q\rangle = 0$$

であることが必要であり、これは（10.1）により

$$q_{ra}q_{rb} = 0$$

に帰着する．それ故、(15,2) における諸ベクトル q_a は1つのヌル平面を張る．更に、(15.2) と（15.3）とが調和しているためには、

$$[q_{ra}\xi_r, y_s\xi_s]_+|Q\rangle = 0$$

であることが必要であり、これは

$$q_{ra}y_r = 0$$

に帰着する．従って、方程式（15.3）が存在するならばベクトル $\boldsymbol{y}$ はこのヌル平面に垂直でなければならない．また、条件

$$(y_s\xi_s - 1)(y_r\xi_r + 1)|Q\rangle = 0$$

が

$$y_ry_r - 1 = 0$$

を与え、これはベクトル y の長さが1でなければならぬことを示す．

$|Q\rangle$ を、任意の係数は別にして、固定するためには、$|Q\rangle$ に可能な限り多くの線形条件を課す必要がある．$\boldsymbol{n}$ が偶数の場合、われわれは条件（15.3）を全くもたないかも知れない、その場合には、ベクトル $\boldsymbol{q}_a$ が最大ヌル平面を張るように $\frac{1}{2}\boldsymbol{n}$ 個の条件（15.2）が存在しなければならない．$\boldsymbol{n}$ が偶数の場合のもう1つの可能性は、1個の条件（15.3）と $\frac{1}{2}\boldsymbol{n} - 1$ 個の条件（15.2）とを採用する可能性である．しかしこれはあまり面白くはなく、ここではこれ以上追求しない．

n が奇数の場合には、$\frac{1}{2}(n-1)$ 個の条件（15.2）と１つの条件（15.3）とを採用しなければならない．そのとき、q_aが最大ヌル平面を形成し、q_aと$\bar{q}_a$と、更にもう１つの実の、しかもすべてのq_aと$\bar{q}_a$に垂直な、ベクトルとが全空間を張るであろう．この実ベクトルを、それが規格化されているとき、q_0と名付けよう．さて、方程式(15.3)のベクトル y がq_a，$\bar{q}_a$及びq_0の項で表現されていると考えよう．それは如何なる$\bar{q}_a$項をも含むことができない．なぜなら y はすべての q_aに垂直だからである．y は如何なるq_a項をも含む必要がない．なぜなら、もし含んでいるならば、それらは条件（15.2）との関連において、条件（15.3）に影響を与えずに落すことができるからである．そうすれば、y が q_0 の倍数であること、そして、両者は共に規格化されているので $y=\pm q_0$ という結果を得る.*7)

ケット$|Q\rangle$ は、n が偶数の場合、もしそれが $\frac{1}{2}n$ 個の条件（15.2）を満足するならば、また、n が奇数の場合、もしそれが $\frac{1}{2}(n-1)$ 個の条件（15.2）と１個の条件（15.3）とを満足するならば、ケット$|Q\rangle$ は単純ケットであると定義される．どちらの場合にも$|Q\rangle$ を固定するのに１つの最大ヌル平面が要求される．そして、n が奇数の場合には、更に y に対する符号の選択がある．

１つの単純ケット $|Q\rangle$の回転はもう１つの単純ケット $|Q^*\rangle$ を与える．なぜなら、$|Q\rangle$ を固定するのに要求される線形条件の各々が、$|Q^*\rangle$ に対する１つの線形条件を与えるからである．条件（15.2),（15.3）は

$$\xi^\sim q|Q\rangle = 0 \qquad (\xi^\sim y+1)|Q\rangle = 0 \tag{15.4}$$

のように書ける．回転（11.1）をξに適用しよう．そうするとξ^*が得られ、これは新しい単純ケット$|Q^*\rangle$を

$$\xi^{*\sim} q|Q^*\rangle = 0 \qquad (\xi^{*\sim} y+1)|Q^*\rangle = 0 \tag{15.5}$$

によって定義する．ξ^*はξと（11.2）によって結び付けられるであろう、そして、それに対応して $|Q^*\rangle$ は$|Q\rangle$と

$$|Q^*\rangle = \mathscr{R}|Q\rangle$$

によって結び付けられるであろう．

（11.1）から、$|Q^*\rangle$ に対する条件（15.5）は

$$\xi^{\sim} Rq|Q^*\rangle = 0 \qquad (\xi^{\sim} Ry + 1)|Q^*\rangle = 0$$

となる．それらは

$$q^* = Rq \qquad y^* = Ry \tag{15.6}$$

を用いて

$$\xi^{\sim} q^*|Q^*\rangle = 0 \qquad (\xi^{\sim} y^* + 1)|Q^*\rangle = 0$$

と書くことができる．

単純ケットの逆転物を単純ブラと呼ぶことにする．

偶数次元

理論の展開を n が偶数の場合についてのみ続行しよう．n が奇数の場合にはもう少し込み入ったことがあるけれども、本質的な変化は全くない．われわれは最後には $n \to \infty$ を行うであろう．そのときには、n が偶数か奇数かの区別は重要でなくなる．

16. ケット行列

単純ケット $|Q\rangle$ は方程式

$$q_{ra}\xi_r|Q\rangle = 0 \tag{16.1}$$

によって指定される．ここに q_{ra} は次の条件を満たす行列 q の要素である．

（i） q は n 行 $\frac{1}{2}n$ 列の行列である；

（ii） $q^{\sim}q = 0$;

（iii） q は右においてゼロ固有値を全くもたない．即ち、$qu = 0$ であるような小さい列－行列 u は全く存在しない．この条件は、ベクトル q_{ra} がすべて独立であることを保証する．

これらの条件を満たす行列をどれもケット行列と呼ぶことにする．それは1つの単純ケットを、任意の数係数は別にして、固定する．方程式（16.1）は行

列記法では

$$\xi^{\sim} q|Q\rangle = 0 \tag{16.2}$$

或は、(7.9) により、別の書き方で

$$q^{\sim}\xi|Q\rangle = 0 \tag{16.3}$$

と書くことができる.

ケット行列は正規直交条件

$$q^{\sim}\bar{q} = 1 \tag{16.4}$$

を満足していてもよいが、そうである必要は全くない.

小さいエルミート行列$\bar{q}^{\sim}q$を作って、条件（iii）を

（iii′）　$\bar{q}^{\sim}q$はゼロ固有値を全くもたない、

で置換えてもよい.

（iii）と（iii′）との等価性を了解するには、qの如何なる右ゼロ固有ベクトルも$\bar{q}^{\sim}q$のゼロ固有ベクトルに帰着すること、そして逆に、$\bar{q}^{\sim}q$のゼロ固有ベクトルuは$\bar{u}^{\sim}\bar{q}^{\sim}qu = 0$あるいは$(\bar{q}\bar{u})^{\sim}qu = 0$に帰着し、これから$qu = 0$が結論できる、ということに注意すればよい.

2つの行列qと$\bar{q}$とを横に並置すると、1つのn行n列の行列$(q, \bar{q})$が得られる. それは大きい正方行列である. それの転置行列は

$$\begin{pmatrix} q^{\sim} \\ \bar{q}^{\sim} \end{pmatrix}$$

であり、これもまた別の大きい正方行列である.（ii）から

$$\begin{pmatrix} q^{\sim} \\ \bar{q}^{\sim} \end{pmatrix}(q, \bar{q}) = \begin{pmatrix} 0 & q^{\sim}\bar{q} \\ \bar{q}^{\sim}q & 0 \end{pmatrix}$$

を得る．これは、（iii′）により、ゼロ固有値を全くもたぬ行列である．このことから

$$(q, \bar{q})$$

はゼロ固有値を全くもたないことが帰結される．これは§5の独立性定理の別証明を与える．

単純ケット $|Q\rangle$ を固定する方程式（16.1）は、それらの $\frac{1}{2}n$ 個の独立な、どんな線形結合で置換えてもよい．それはケット行列 q_{ra} を

$$q^*_{ra} = q_{rb}\alpha_{ba}$$

或は象徴的には

$$q^* = q\alpha \tag{16.5}$$

で置換えることを意味している．ここに α は小さい正方行列であり、その行列は零でない．方程式（16.3）は、勿論、

$$q^{*\sim}\xi|Q\rangle = \alpha^{\sim}q^{\sim}\xi|Q\rangle = 0$$

となる．

もし q が正規直交で（16.4）を満たしているならば、q^* がまた正規直交であるための条件は

$$1 = q^{*\sim}\bar{q}^* = \alpha^{\sim}q^{\sim}\bar{q}\bar{\alpha} = \alpha^{\sim}\bar{\alpha}$$

である．即ち、α はユニタリでなければならない．もし q が正規直交でないな

らば、αを適当に選ぶことによってq^*を正規直交にすることができる.

ケット行列は、勿論、まさに§7の$m=\frac{1}{2}n$の場合の行列qの1つであり、従って、(7.4)を満たす. それは、$\omega q=iq$を満たし、(7.2)または(7.5)によって明白に与えられる1つの完全四半転ωを固定する.

(16.3)の左において、$q^\sim$の$\frac{1}{2}n$行に適合する$\frac{1}{2}n$列をもつどんな行列を掛けてもよい. 行列$\bar{q}(q^\sim\bar{q})^{-1}$を採用すると、

$$\bar{q}(q^\sim\bar{q})^{-1}q^\sim\xi|Q\rangle=0 \tag{16.6}$$

を得る. (7.5)の共役を用いると、これは

$$(1+i\omega)\xi|Q\rangle=0 \tag{16.7}$$

を与える.

(16.7)から(16.3)へ戻ることができる. なぜなら、(16.7)は(16.6)を与え、これに左において$q^\sim$を掛けると(16.3)を与えるからである. 従って、(16.7)は単純ケットを特定する別法を提供する. それは四半転ωだけを含んでおり、当該ヌル平面における座標系には依拠しない. それは変換(16.5)によって影響を受けない.

もしqが或るケット行列であるならば、$\bar{q}$は別のケット行列であり、それのωは前のものに負の符号を掛けたものである.

ケット行列qの転置行列はブラ行列$q^\sim$である. それは方程式

$$\langle Q|q_{ra}\xi_r=0$$

を満す単純ブラ$\langle Q|$を固定する. これらの方程式は

$$\langle Q|q^\sim\xi=0$$

或は

$$\langle Q|\xi^{\sim} q = 0 \tag{16.8}$$

と書くことができる.

17. 2ケット行列定理

qとpを2つのケット行列とし、それらに対応する完全四半転を ω_q, ω_p とする. 3つの行列式

$$\langle\!\langle q^{\sim}p\rangle\!\rangle \qquad \langle\!\langle q, p\rangle\!\rangle \qquad \langle\!\langle \omega_q - \omega_p\rangle\!\rangle \tag{17.1}$$

を考察しょう. 第一の行列式は小さい行列式で、他の2つは大きい行列式である. 定理は、もしそれらの内の1つが零ならば他の2つもまた零である、と主張する.

行列式$\langle\!\langle q, p\rangle\!\rangle$はその転置行列式 $\langle\!\langle {q^{\sim} \atop p^{\sim}} \rangle\!\rangle$ に等しい. 従って

$$\langle\!\langle q, p\rangle\!\rangle^2 = \left\langle\!\!\left\langle \begin{matrix} q^{\sim} \\ p^{\sim} \end{matrix} \right\rangle\!\!\right\rangle \langle\!\langle q, p\rangle\!\rangle = \left\langle\!\!\left\langle \begin{matrix} 0 & q^{\sim}p \\ p^{\sim}q & 0 \end{matrix} \right\rangle\!\!\right\rangle = -\langle\!\langle q^{\sim}p\rangle\!\rangle^2$$

ゆえに

$$\langle\!\langle q^{\sim}p\rangle\!\rangle = \pm i\langle\!\langle q, p\rangle\!\rangle$$

これは定理を、行列式 (17.1) の最初の2つに関する限り、証明している.

もし$\langle\!\langle \omega_q - \omega_p\rangle\!\rangle = 0$ ならば、

$$(\omega_q - \omega_p)u = 0 \tag{17.2}$$

であるような1つの大きい列ー行列uが存在する. uは実であるととってよい. なぜなら、uの満たさねばならない方程式はすべて実だからである. さて、大きい列ー行列

$$v = \tfrac{1}{2}(1 - i\omega_q)u = \tfrac{1}{2}(1 - i\omega_p)u$$

を作ろう．実の u を用いると、v は零にはなり得ない．(7.5) から

$$v = q(\bar{q}^{\sim} q)^{-1}\bar{q}^{\sim} u$$

よって

$$v^{\sim} q = u^{\sim}\bar{q}(q^{\sim}\bar{q})^{-1} q^{\sim} q = 0$$

同様に

$$v^{\sim} p = 0$$

従って

$$v^{\sim}(q, p) = 0 \tag{17.3}$$

かくて (q, p) はゼロ固有値をもち、その行列式は零である．

逆に、もし (17.3) が与えられていると、$v^{\sim} q = 0$を得、従って (7.5) から

$$v^{\sim}(1 - i\omega_q) = 0$$

を得る．同様に$v^{\sim} p = 0$を得、これは

$$v^{\sim}(1 - i\omega_p) = 0$$

に帰着する．それゆえ

$$v^{\sim}(\omega_q - \omega_p) = 0 \tag{17.4}$$

であり、これは $\langle\!\langle \omega_q - \omega_p \rangle\!\rangle = 0$ であることを示している．よって本定理は証明された．

もし v が $v^{\sim}q=0$ を満たすならば、それは実ではあり得ない、ということに注意すべきである．なぜなら、もしそうでなかったとすると、それは $v^{\sim}\bar{q}=0$ をも満たすことになり、独立性定理と矛盾するからである.[*8)] それゆえ、(17.3) を、従ってまた、(17.4) を満たす１つの v は (17.2) を満たす１つの複素の u を提供する．この u は２つの実の u に等価である．このように (17.3) の独立な各解は (17.2) の２つの独立な解に対応する．それゆえ、(17.2) の独立な解の数は偶数でなければならない．

(17.2) のどの解 u に対しても

$$(\omega_q-\omega_p)\omega_q u=-\omega_p(\omega_q-\omega_p)u=0$$

であるから、$\omega_q u$（これは $\omega_p u$ に等しい）が (17.2) のもう１つの解である、ということに注意するならば、上の結果はもっと直接的に得られたであろう．

本定理は次のようにも定式化できる：　３つの行列式

$$\langle\bar{q}^{\sim}p\rangle \qquad \langle\bar{q},p\rangle \qquad \langle\omega_q+\omega_p\rangle$$

の内のどれか１つが零であれば、他の２つもまた零である．これは、前の定式化で、q を $\bar{q}$ で置換えると、ω_q を $-\omega_q$ で置換えることが必要となることから、容易に帰結される．

この定理の１つの系として、$\langle q^{\sim}p\rangle\neq 0$ のときに成り立つ公式

$$p(q^{\sim}p)^{-1}q^{\sim}+q(p^{\sim}q)^{-1}p^{\sim}=1 \tag{17.5}$$

を得る．これを証明するには、この式の左辺に右から正方行列 (q,p) を掛けると、まさに (q,p) が得られるが、(q,p) の行列式は零ではないので、その後で行列 (q,p) で割ればよい．

(17.5) において $p=\bar{q}$ と置けば、公式 (7.4) に戻る．

18. 2つのケット行列の間の関係

定　理.　qを1つのケット行列とし、Rを1つの大きい直交行列とすると、$p = Rq$はまた1つのケット行列である.

証　明.　前提から

$$p^{\sim}p = q^{\sim}R^{\sim}Rq = q^{\sim}q = 0$$

となる. ゆえに§16の条件（ii）は満たされている. また、$pu = 0$を満たすような小さい列一行列uは全く存在し得ない. なぜなら、もしそのようなuがあったとすれば、それは$Rqu = 0$に、従ってまた、$qu = 0$に帰着し、これはqに対する条件（iii）に矛盾するからである. それゆえ、条件（iii）もまたpに対して満たされている.

逆定理.　qとpがケット行列であるならば、$p = Rq$であるような大きい直交行列Rが存在する.

証　明.

$$R = p(\bar{q}^{\sim}q)^{-1}\bar{q}^{\sim} + \bar{p}(p^{\sim}\bar{p})^{-1}q^{\sim} \tag{18.1}$$

を採用しよう. これは直接$Rq = p$を与える. それはまた

$$R^{\sim} = \bar{q}(q^{\sim}\bar{q})^{-1}p^{\sim} + q(\bar{p}^{\sim}p)^{-1}\bar{p}^{\sim}$$

を与え、それゆえ、$p^{\sim}p = 0$と$q^{\sim}q = 0$を用いると（7.4）から

$$R^{\sim}R = \bar{q}(q^{\sim}\bar{q})^{-1}q^{\sim} + q(\bar{q}^{\sim}q)^{-1}\bar{q}^{\sim} = 1$$

を得る. よってRに対するすべての条件が満たされている.

注意.　（18.1）の右辺においてqとpを入れ換えるとまさに$R^{\sim}$を得る.

これは $q = R^{\sim}p$ と一致するために必要なことである.

与えられたケット行列 q, p をもつ方程式 $p = Rq$ と条件 $R^{\sim}R = 1$ とは、R を一意的には決定しない.（18.1）は単に1つの解に過ぎない. 一般の解を見出すために、まず、$p = q$ の場合を取上げよう. この場合には

$$q = Sq \qquad S^{\sim}S = 1 \tag{18.2}$$

であるような一般の S を見出さねばならない.

これらの方程式は、$q = S^{\sim}q$ 或は、$q^{\sim} = q^{\sim}S$ に帰着する. ところで、(7.4) から

$$S = \{\bar{q}(q^{\sim}\bar{q})^{-1}q^{\sim} + q(\bar{q}^{\sim}q)^{-1}\bar{q}^{\sim}\}S\{\bar{q}(q^{\sim}\bar{q})^{-1}q^{\sim} + q(\bar{q}^{\sim}q)^{-1}\bar{q}^{\sim}\}$$
$$= \bar{q}(q^{\sim}\bar{q})^{-1}q^{\sim} + q(\bar{q}^{\sim}q)^{-1}\bar{q}^{\sim}S\bar{q}(q^{\sim}\bar{q})^{-1}q^{\sim} + q(\bar{q}^{\sim}q)^{-1}\bar{q}^{\sim}$$

が得られ、これは

$$S = 1 + qBq^{\sim} \tag{18.3}$$

に帰する. ここに

$$B = (\bar{q}^{\sim}q)^{-1}\bar{q}^{\sim}S\bar{q}(q^{\sim}\bar{q})^{-1}$$

である. 条件 $S^{\sim}S = 1$ は

$$1 = (1 + qB^{\sim}q^{\sim})(1 + qBq^{\sim})$$

或は

$$q(B + B^{\sim})q^{\sim} = 0$$

となり、これから、B が反対称であることが帰結される.

小さい反対称行列なら何でもよい、それを B として採用して、(18.3) に代

入してよい．その結果得られるSは条件（18.2）を満たす．

方程式$p=Rq$と$R^{\sim}R=1$との一般解は、（18.1）で与えられるRを左から、そして、（18.3）で与えられる一般のSを右から、掛け合わせた両者の積である．[*9)] 故にそれは、一般反対称行列Bを用いて

$$R=p(\bar{q}^{\sim}q)^{-1}\bar{q}^{\sim}+\bar{p}(p^{\sim}\bar{p})^{-1}q^{\sim}+pBq^{\sim} \tag{18.4}$$

である．

方程式（18.1）の１つの一般化として

$$R=p(u^{\sim}q)^{-1}u^{\sim}+v(p^{\sim}v)^{-1}q^{\sim} \tag{18.5}$$

をとることができる．ここにuとvは、$\langle u^{\sim}q\rangle\neq 0$，$\langle p^{\sim}v\rangle\neq 0$であるようなケット行列であれば何でもよい．これを検証するに当って、まず直ちにわかることは、（18.5）が

$$Rq=p \qquad p^{\sim}R=q^{\sim}$$

を与えることである．また（17.5）から

$$\begin{aligned} R^{\sim}R&=u(q^{\sim}u)^{-1}p^{\sim}v(p^{\sim}v)^{-1}q^{\sim}+q(v^{\sim}p)^{-1}v^{\sim}p(u^{\sim}q)^{-1}u^{\sim}\\ &=u(q^{\sim}u)^{-1}q^{\sim}+q(u^{\sim}q)^{-1}u^{\sim}\\ &=1 \end{aligned}$$

であることがわかる．勿論、（18.5）は単に或る特定のBを用いた（18.4）の１例に過ぎない．

もしqとpが共に正規直交であれば、（18.1）は

$$R=p\bar{q}^{\sim}+\bar{p}q^{\sim} \tag{18.6}$$

となる．このRは実である．それは、$p=Rq,\ R^{\sim}R=1$を満たす唯一の実の

$\boldsymbol{R}$である.

勿論、前述の理論を、pが方程式（16.5）のq^*であり、従って$|P\rangle$と$|Q\rangle$が数因子を別にして同一である場合、に適用することができる.（18.1）で $p = q\alpha$ と置くと

$$R = q\alpha(\bar{q}^{\sim}q)^{-1}\bar{q}^{\sim} + \bar{q}(q^{\sim}\bar{q})^{-1}\alpha^{\sim -1}q^{\sim} \tag{18.7}$$

を得る. この$\boldsymbol{R}$が（7.5）によって与えられる$\boldsymbol{\omega}$と可換であることは容易に検証できる.

19. ケットの表現

ケット全体の１つの表現を得るために、或る単純ケットを標準としてとり、他のケットをそれに関係づけることにする. この標準ケットを$|Z\rangle$と名付け、それに対応する１つの正規直交ケット行列を z としよう. 従って

$$z^{\sim}\xi|Z\rangle = 0 \tag{19.1}$$

複素の代数量 η_a を

$$\eta_a = 2^{-\frac{1}{2}}\bar{z}_{ra}\xi_r \tag{19.2}$$

で定義する. それらの共役は

$$\bar{\eta}_a = 2^{-\frac{1}{2}}z_{ra}\xi_r$$

である. $\frac{1}{2}n$個のηがあるわけで、独立性定理により、それらはその共役ともども、すべてξの独立な関数である. 従って、それらをξの代りの基礎的代数量として採用することができる.

それらは（10.1）と（7.1）のために関係式

$$[\eta_a, \eta_b]_+ = \tfrac{1}{2}\bar{z}_{ra}\bar{z}_{sb}[\xi_r, \xi_s]_+ = \bar{z}_{ra}\bar{z}_{rb}$$

$$= (\bar{z}^{\sim}\bar{z})_{ab} = 0 \tag{19.3}$$

を満たす．かくて η はすべて反可換である．同様に、$\bar{\eta}$ はすべて反可換である．$b = a$と置くと

$$\eta_a^2 = 0 \qquad \bar{\eta}_a^2 = 0 \tag{19.4}$$

であることがわかる．最後に正規直交条件により

$$[\eta_a, \bar{\eta}_b]_+ = (\bar{z}^{\sim} z)_{ab} = \delta_{ab} \tag{19.5}$$

を得る．

η は小さい列一行列を形成すると見なすことができ、(19.2) を

$$\eta = 2^{-\frac{1}{2}}\bar{z}^{\sim}\xi \tag{19.6}$$

と書くことができる．そうすると、方程式 (19.1) は

$$\bar{\eta}|Z\rangle = 0 \tag{19.7}$$

と書ける．

η と $\bar{\eta}$ とについてベキ級数の形をもつ関数を何でもよいからとり、それを$F(\eta, \bar{\eta})$としよう．(19.5)を用いて各項の因子の順序を配列し直し、すべての η がすべての $\bar{\eta}$ の左にあるようにすることができる．その場合、関数 F は良く順序付けられていると言われる．

そのように配列されたFを用いて $F(\eta, \bar{\eta})|Z\rangle$を作ると、生き残る唯一の項は、$\bar{\eta}$ を全く含まない項であろう．よって

$$F(\eta, \bar{\eta})|Z\rangle = \psi(\eta)|Z\rangle \tag{19.8}$$

ここに $\psi(\eta)$ は η 変数のベキ級数である．(19.4) により、ψ の中ではどの η も 1 次よりも高いベキで現れることはない．

さて、反可換変数η_aの関数ψは、ケット$F(\eta,\bar{\eta})|Z\rangle$を表現していると考えてよい．われわれのケットはすべてこのような仕方で表現され得る．なぜなら、新しいケットを得るためにとり得る唯一の過程は、ケットの和をとること、及び、ξの関数或いはηと$\bar{\eta}$との関数をケットの左から掛けることだからである．こうして$|Z\rangle$を標準ケットとしてもち、変数ηに基づいた１つの表現が得られる．

次に、独立なケットが幾つあるかを計算しよう．それは$\psi(\eta)$における可能な各項に対して１つづつ存在する．従って、すべて異なる何個かの因子からなる各積

$$\eta_a\eta_b\eta_c\cdots \tag{19.9}$$

に対して１つずつ存在する．この積においてηの各々は、在か不在かのいずれかである．従って可能性の数は$2^{\frac{1}{2}n}$である．

これは偶数n次元空間における独立な要素的スピノル量の数を与える．それはnよりも遥かに大きい．$n\to\infty$のとき、それは可付番無限よりも大きくなる．

われわれは話をケットの和と標準ケットへの回転の適用とによって得られるケットに限ってもよかった．回転演算子はξの偶数ベキしか含まない、それ故、ψにおいて（19.9）のような項としては、偶数個の因子をもつものだけを得る．この場合には、ηの各々は、最後のηは別として、在か不在かのいずれかであり、そして、最後のηの在または不在は、因子の数が偶数であるという要請によって支配される．ゆえに可能性の数は今や$2^{\frac{1}{2}n-1}$である．

（19.1）または（19.7）を満たす単純ケット$|Z\rangle$は

$$\bar{z}^{\sim}\xi|\bar{Z}\rangle=0$$

或いは

$$\eta|\bar{Z}\rangle = 0 \tag{19.10}$$

を満たすものとして定義される逆単純ケット$|\bar{Z}\rangle$をもつ．数係数を適当に選んでやると

$$|\bar{Z}\rangle = \prod \eta_a |Z\rangle \tag{19.11}$$

であることは（19.4）から明らかである．ここに、積はすべてのηに亙って或る順序でとられている．

一般のケット$\psi(\eta)|Z\rangle$に対しては、逆ケットは$\bar{\psi}(\bar{\eta})|\bar{Z}\rangle$と定義される．ここに関数$\bar{\psi}$は関数$\psi$から、積における因子の順序を変えることなく、その中のiの代りに$-i$と置くことによって得られる．複数のケットを含むどの方程式に対しても、それらのケットの逆をとり、iの代りに$-i$と置くことにより、逆方程式を得る．

物理的には、ηと$\bar{\eta}$とをフェルミオンの生成と消滅の演算子と解釈することができる．そうすると、（19.7）を満たすケット$|Z\rangle$は粒子の全くない状態を表現し、（19.10）或いは（19.11）を満たすケット$|\bar{Z}\rangle$は、完全に満杯の状態を表現している．どの状態の逆も、それは個々のフェルミオンに対する占有状態と非占有状態とが取換えられているような状態である．

20. 単純ケットの代表．一般の場合

どの単純ケット$|Q\rangle$も標準ケット$|Z\rangle$に或る１つの回転演算子$\mathscr{R}$を適用した結果として表すことができる．$\mathscr{R}$は反対称のAに対して$\mathscr{R} = e^{\frac{1}{4}\xi^{\sim}A\xi}$である．従って

$$|Q\rangle = e^{\frac{1}{4}\xi^{\sim}A\xi}|Z\rangle \tag{20.1}$$

ここでξをηと$\bar{\eta}$とで表し、[*10] 次いで指数関数を展開し、種々の項の因子を配

列し直してそれらをよく順序付けられたものにすることができる．そうすると最終的に

$$|Q\rangle = \psi(\eta)|Z\rangle \tag{20.2}$$

に到達する．

この問題には2つの完全四半転が存在する．それは、単純ケット行列 q と z とにそれぞれ伴われる ω_q と ω_z とである．さて

$$\langle\!\langle \omega_q + \omega_z \rangle\!\rangle \neq 0$$

であるとしよう．これが一般の場合である．次に、$\psi(\eta)$ は

$$\psi(\eta) = k\, e^{\eta^{\sim} \lambda \eta}$$

の形をもつことを示そう．ここに λ は或る小さい正方行列であり、k は或る1つの数である．(19.3) により、λ の反対称部分だけが $\eta^{\sim}\lambda\eta$ に寄与することに留意しよう．

2ケット行列定理から $\langle\!\langle \bar{z}, q \rangle\!\rangle \neq 0$ である．従ってベクトル $\bar{z}_a, q_a$ が全空間を張り、どのベクトルもそれらの線形結合として表され得る．ベクトル z_b をそのように表すと、或る小さい正方行列 λ_{ab}, μ_{ab} を用いて

$$z_b = -\bar{z}_a\lambda_{ab} + q_a\mu_{ab} \tag{20.3}$$

と書ける．λ の前の負の符号は便宜上導入されている．行列記法では

$$z = -\bar{z}\lambda + q\mu \tag{20.4}$$

である．それの転置方程式は

$$z^{\sim} = -\lambda^{\sim}\bar{z}^{\sim} + \mu^{\sim}q^{\sim}$$

である．よって

$$(z^{\sim} + \lambda^{\sim}\bar{z}^{\sim})(z + \bar{z}\lambda) = \mu^{\sim}q^{\sim}q\mu = 0$$

これは、 z に対する正規直交条件のために

$$\lambda + \lambda^{\sim} = 0$$

となり、λ が反対称であることを示す.

方程式（16.3）は

$$\mu^{\sim}q^{\sim}\xi|Q\rangle = 0$$

を与え、従って

$$(z^{\sim} - \lambda\bar{z}^{\sim})\xi|Q\rangle = 0$$

である. これは、(19.6) とその共役とにより

$$(\bar{\eta} - \lambda\eta)|Q\rangle = 0$$

となり、或いは、(20.2) から

$$(\bar{\eta} - \lambda\eta)\psi(\eta)|Z\rangle = 0 \tag{20.5}$$

となる.

$\psi(\eta)$ の中の（19.9）の形をもつ１項（それは一度より多く現れる η 因子を全くもたない）を考察しよう. さて、或る特定の $\bar{\eta}_g$ に対して

$$\bar{\eta}_g\eta_a\eta_b\eta_c\ldots|Z\rangle \tag{20.6}$$

を考える. もし因子 $\eta_a, \eta_b, \eta_c\ldots$ のどの１つも η_g でなければ、(20.6) は消える. もしそれら因子の１つが η_g なら、積（19.9）においてそれを、必要とあれば負の符号を付けて、左に移してよい. そしてその際

$$\bar{\eta}_g \eta_g \eta_a \eta_b \ldots |Z\rangle = \eta_a \eta_b \ldots |Z\rangle$$

を用いることができる．これは$\bar{\eta}_g$が $\partial/\partial\eta_g$ のように現れることを示している．

よって

$$\bar{\eta}_g \eta_a \lambda_{ab} \eta_b |Z\rangle = \lambda_{ab}(\delta_{ga}\eta_b - \delta_{gb}\eta_a)|Z\rangle$$
$$= 2\lambda_{gb}\eta_b|Z\rangle$$

従って

$$\bar{\eta}_g(\eta^{\sim}\lambda\eta)^n|Z\rangle = 2\lambda_{gb}\eta_b n(\eta^{\sim}\lambda\eta)^{n-1}|Z\rangle$$

および

$$\bar{\eta}_g\, e^{\frac{1}{2}\eta^{\sim}\lambda\eta}|Z\rangle = \lambda_{gb}\eta_b\, e^{\frac{1}{2}\eta^{\sim}\lambda\eta}|Z\rangle$$

が成り立つ．それ故（20.5）の積分は

$$\psi(\eta) = k\, e^{\frac{1}{2}\eta^{\sim}\lambda\eta} \tag{20.7}$$

である．

λ に対する明白な表式を得ることができる．（20.4）に左から $q^{\sim}$ を掛け、$q^{\sim}q = 0$を用いると

$$q^{\sim}\bar{z}\lambda = -q^{\sim}z$$

を得る．よって

$$\bar{q}(q^{\sim}\bar{q})^{-1}q^{\sim}\bar{z}\lambda = -\bar{q}(q^{\sim}\bar{q})^{-1}q^{\sim}z$$

を得るが、これは（7.5）の共役を用いると

$$(1 + i\omega_q)\bar{z}\lambda = -(1 + i\omega_q)z \tag{20.8}$$

を与える．さて（7.5）を z に適用すると

$$(1 - i\omega_z)\bar{z} = 0$$

が得られ、その共役は

$$(1 + i\omega_z)z = 0$$

である．よって（20.8）は

$$(\omega_z + \omega_q)\bar{z}\lambda = (\omega_z - \omega_q)z$$

を与える． $\omega_z + \omega_q$ の行列式は零ではないので $\omega_z + \omega_q$ で割ることができて

$$\bar{z}\lambda = (\omega_z + \omega_q)^{-1}(\omega_z - \omega_q)z$$

或いは

$$\lambda = z^{\sim}(\omega_z + \omega_q)^{-1}(\omega_z - \omega_q)z \qquad (20.9)$$

を得る．

次の方程式、

$$(\omega_z + \omega_q)(\omega_z - \omega_q) = \omega_q\omega_z - \omega_z\omega_q$$

および

$$(\omega_z - \omega_q)(\omega_z + \omega_q) = \omega_z\omega_q - \omega_q\omega_z$$

が成り立つことに注目しよう．従って $\omega_z - \omega_q$ は $\omega_z + \omega_q$ と反可換である．それはまた $(\omega_z + \omega_q)^{-1}$ と反可換でなければならない．このことによって、（20.9）で与えられる λ が反対称であることが検証される．

21．単純ケットの代表．特殊な場合

今度は $\langle\!\langle \omega_q + \omega_z \rangle\!\rangle = 0$ の場合を考えよう．この場合にはベクトル $\bar{z}$ と q が全空間を張らず、それらの間に

$$\bar{z}u + qv = 0 \tag{21.1}$$

という形の線形関係が存在する．ここに、u と v は小さい列一行列である．従って

$$u^{\sim}\bar{z}^{\sim} + v^{\sim}q^{\sim} = 0$$

方程式（16.3）から

$$v^{\sim}q^{\sim}\xi|Q\rangle = 0$$

を、従って

$$u^{\sim}\bar{z}^{\sim}\xi|Q\rangle = 0$$

を得る．方程式（19.6）は今や

$$u^{\sim}\eta|Q\rangle = 0 \tag{21.2}$$

を与える．それゆえ、$|Q\rangle$を（20.2）の形に表したとき、 $\psi(\eta)$ は

$$u^{\sim}\eta\psi(\eta) = 0 \tag{21.3}$$

を満たさねばならない．*11)

η 等は反可換で、自乗は零であるから、$u^{\sim}\eta$のような、それらのどの線形結合の自乗も零である．よって方程式（21.3）は、 $\psi(\eta)$ が$u^{\sim}\eta$を１つの因子として含む、との推論を許す．

さて、すべての独立な関係（21.1）を採ろう：

$$\bar{z}u_m + qv_m = 0 \qquad m = 1, 2, \ldots \tag{21.4}$$

これらの u_m はすべて独立でなければならない．なぜなら、もしそれらの間に線形関係があったとすると、 $u_m = 0$をもつ１つの方程式（21.4）が得られることになり、そのことは、qがすべて独立であるといいう要求と矛盾してしまうからである．それゆえ各方程式（21.4）は１つの独立な方程式（21.2）を与え、それはψにおける１因子 $u_m^{\sim}\eta$ に導く．よってψは

$$\psi(\eta) = \prod_m (u_m^{\sim}\eta)\chi(\eta) \tag{21.5}$$

という形をもつ．

ところで、関数χは前節と同様の方法によって定めることができる．ベクトル $z, \bar{z}, q$ を結び付ける（20.3）の型の方程式が得られ、それらの各々はχに対する１つの微分方程式に導く．再びχは（20.7）の形をもつことがわかる．

（21.5）における線形諸因子$u^{\sim}\eta$は、言うまでもなく、それらの独立な如何なる線形結合によっても置換えることができる．これらの因子の数は、もし単純ケット$|Q\rangle$が標準ケット$|Z\rangle$から回転によって得られるならば、偶数であり、もし反転によって得られるならば、奇数である．

極端な場合は、 $\psi(\eta)$ がすべて線形因子から成るときである．その場合、われわれは（19.11）で与えられる $|Q\rangle = |\bar{Z}\rangle$ をもつ．

22. 単純ケットの係数の固定化

或る特定の１つのケット行列qをとろう．このqに対応する単純ケットを、それに掛かる因子の或る特定の選択のもとでとり、それをケット$|q\rangle$と名付けよう．ここではこのケットのラベルとしてそのケット行列を用いることにする．

さてpを何か他のケット行列としよう．§18によりpを $p = Rq$と表すことができる．ここにRは或る直交行列である．Rに対応する回転演算子$\mathscr{R}$が存在するであろう．そして、 $\mathscr{R}|q\rangle$ はケット行列pに対応するケットであろう．$\mathscr{R}$が規格

化されているという条件を付けると、ケット $\mathscr{R}|q\rangle$ は±１を別にして定まった係数をもつ．このケットを $|p\rangle$ と名付ける．

符号の曖昧さを不問に付すと、１つのケットに対して係数を固定すれば、その後は、どのケット行列に対しても１つの単純ケットが定まるわけで、そのように係数が固定された単純ケットを分類するのに、そのケット行列がラベルとして用いられる．

上記の係数固定化において、出発点のケット行列 q はなんら独特の役割を演じない．他のどのケット行列から出発しても同じ結果を与えるであろう．なぜなら、１つの単純ケットから他の単純ケットへと導く回転演算子は、出発点のケット行列とは独立に、（±１を別にして）良く定められた係数をもつからである．出発点のケット行列が正規直交である必要は全くない．

方程式（16.3）は今や

$$q^{\sim}\xi|q\rangle = 0 \tag{22.1}$$

と書かれ、一般公式

$$|Rq\rangle = \mathscr{R}|q\rangle \tag{22.2}$$

を得る．

ケット行列 p を $q\alpha$ ととって、単純ケット $|p\rangle = |q\alpha\rangle$ を得ることができるが、これはまさにケット $|q\rangle$ に或る数因子を掛けたものでなければならない．よって

$$|q\alpha\rangle = k|q\rangle$$

この数因子 k を定めよう．

ところで R は(18.7)によって与えられる．これに対応する $\mathscr{R}$ を求めて $\mathscr{R}|q\rangle$ を算出することが必要である．

$\alpha = 1 + \varepsilon\beta$ という無限小の場合をとろう．これは $R = 1 + \varepsilon A$、但し

$$A = q\beta(\bar{q}^{\sim}q)^{-1}\bar{q}^{\sim} - \bar{q}(q^{\sim}\bar{q})^{-1}\beta^{\sim}q^{\sim}$$
$$= M - M^{\sim}$$

を与える．ここに

$$M = q\beta(\bar{q}^{\sim}q)^{-1}\bar{q}^{\sim}$$

である．(22.1) に左から $\bar{q}(q^{\sim}\bar{q})^{-1}\beta^{\sim}$ を掛けると

$$M^{\sim}\xi|q\rangle = 0$$

を得る．よって (10.4) により

$$\xi^{\sim}A\xi|q\rangle = \xi^{\sim}(M + M^{\sim})\xi|q\rangle$$
$$= 2<M>|q\rangle$$

である．ところで、行列の積の対角和を作るときには、因子が正方行列でなくても、因子の順序に循環的置換を行うことができるから

$$<M> = <q\beta(\bar{q}^{\sim}q)^{-1}\bar{q}^{\sim}> = <\beta>$$

である．

われわれは

$$\mathscr{R} = 1 + \varepsilon\mathscr{A}$$

をもつ．ここに

$$\mathscr{A} = \tfrac{1}{4}\xi^{\sim}A\,\xi$$

である．よって

$$\mathscr{A}|q\rangle = \tfrac{1}{2}<\beta>|q\rangle$$

および

$$\mathscr{R}|q\rangle = \{1 + \tfrac{1}{2}\varepsilon<\beta>\}|q\rangle$$
$$= \{1 + \varepsilon<\beta>\}^{\frac{1}{2}}|q\rangle$$
$$= \langle\!\langle 1 + \varepsilon\beta\rangle\!\rangle^{\frac{1}{2}}|q\rangle$$

を得る．

有限変換は無限小変換を繰り返し適用することによって得られる．その結果は明らかに

$$|q\alpha\rangle = \langle\!\langle\alpha\rangle\!\rangle^{\frac{1}{2}}|q\rangle \qquad (22.3)$$

である．ケットの符号の曖昧さは、平方根の符号の曖昧さに適合している．

23. スカラー積の公式

単純ケットの数係数を固定するための前節の方法は、単純ブラにも適用されるだろう．その際、ブラは対応するブラ行列によってラベル付けがなされ、従って、方程式（16.8）は

$$\langle q^{\sim}|\xi^{\sim}q = 0 \qquad (23.1)$$

となるだろう．これは、まさに（22.1）の転置式である．なおまた（22.2）に対応して一般公式

$$\langle q^{\sim}|\mathscr{R} = \langle q^{\sim}R| \qquad (23.2)$$

をもつであろう．これは（22.2）から、転置を行い、Rの代りにR^{-1}と置くことによって得られる．

単純ブラと単純ケットの係数を固定すると、1つの単純ブラ $\langle p^{\sim}|$ と1つの単純ケット $|q\rangle$ とは、或る定まったスカラー積

$$\langle p^{\sim}|q\rangle \tag{23.3}$$

をもつだろう．次にその値を求めよう．それは積行列 $p^{\sim}q$ にのみ依存しうる．なぜなら、(23.2) と (22.2) とから

$$\langle p^{\sim}R^{-1}|Rq\rangle = \langle p^{\sim}|\mathscr{R}^{-1}\mathscr{R}|q\rangle = \langle p^{\sim}|q\rangle$$

だからである．

ケット行列 q に小さな変化を与えたとき、(23.3) がどのように変るかを見よう．反対称の A を用いて、$q^* = (1 + \varepsilon A)q$ を採ると、

$$\langle p^{\sim}|q^*\rangle = \langle p^{\sim}|1 + \tfrac{1}{4}\varepsilon\xi^{\sim}A\xi|q\rangle$$

$$= \langle p^{\sim}|q\rangle + \tfrac{1}{4}\varepsilon\langle p^{\sim}|\xi^{\sim}A\xi|q\rangle$$

である．

$\langle\!\langle p^{\sim}q\rangle\!\rangle \neq 0$ と仮定しよう．そうすると、(17.5)と、p に適用された (23.1) とから

$$\langle p^{\sim}|\xi^{\sim}A\xi|q\rangle = \langle p^{\sim}|\xi^{\sim}\{p(q^{\sim}p)^{-1}q^{\sim} + q(p^{\sim}q)^{-1}p^{\sim}\}A\xi|q\rangle$$

$$= \langle p^{\sim}|\xi^{\sim}q(p^{\sim}q)^{-1}p^{\sim}A\xi|q\rangle$$

$$= \langle p^{\sim}|\xi^{\sim}K\xi|q\rangle$$

を得る．ここに

$$K = q(p^{\sim}q)^{-1}p^{\sim}A$$

である．ところで、(22.1) から

$$\xi^{\sim}K^{\sim}\xi|q\rangle = 0 \tag{23.4}$$

ゆえに (10.4) から

$$\langle p^{\sim}|\xi^{\sim}A\xi|q\rangle = \langle p^{\sim}|\xi^{\sim}(K + K^{\sim})\xi|q\rangle$$

$$= 2<K>\langle p^{\sim}|q\rangle$$

を得る．ところで

$$<K> = <q(p^{\sim}q)^{-1}p^{\sim}A> = <p^{\sim}Aq(p^{\sim}q)^{-1}>$$

ゆえに

$$\langle p^{\sim}|q^*\rangle = \langle p^{\sim}|q\rangle\{1 + \tfrac{1}{2}\varepsilon<p^{\sim}Aq(p^{\sim}q)^{-1}>\}$$

ところで、ε について１次までででは

$$1 + \varepsilon<p^{\sim}Aq(p^{\sim}q)^{-1}> = \{1 + \varepsilon p^{\sim}Aq(p^{\sim}q)^{-1}\}$$

$$= \{p^{\sim}q + \varepsilon p^{\sim}Aq\}\{p^{\sim}q\}^{-1}$$

$$= \{p^{\sim}q^*\}\{p^{\sim}q\}^{-1}$$

である．ゆえに

$$\frac{\langle p^{\sim}|q^*\rangle}{\{p^{\sim}q^*\}^{\frac{1}{2}}} = \frac{\langle p^{\sim}|q\rangle}{\{p^{\sim}q\}^{\frac{1}{2}}}$$

このことから、$\langle p^{\sim}|q\rangle/\{p^{\sim}q\}^{\frac{1}{2}}$ が q の変分によって影響されないことが解る．同様に、それは p の変分によっても影響されない．それは１つの定数であって１に規格化することができる．そうすると

$$\langle p^{\sim}|q\rangle = \{p^{\sim}q\}^{\frac{1}{2}} \tag{23.5}$$

これが単純ブラと単純ケットのスカラー積を与える一般公式である．この公式には符号の曖昧さがある．なぜなら、単純ブラも単純ケットも共に符号の曖昧さを含んでいるからである．この公式は（22.3）とつじつまがあっているこ

とに注意しておこう．

上でこの公式が演繹されたのは、$\{p^{\sim} q\}$ が零でないという仮定に基づいてのことであった．もしそれが零である場合にも、この公式は依然として成り立つ．なぜなら、そのとき、両辺は共に零となるからである．左辺がそのとき零になることを証明するに当って、2ケット行列定理から、$\boldsymbol{q}_a$の線形結合であり、且つまた、$\boldsymbol{p}_a$の線形結合でもある1つのベクトル$\boldsymbol{u}$が存在しなければならないことに留意する．よって（22.1）から

$$u^{\sim}\xi|q\rangle = 0$$

および、同様に

$$u^{\sim}\xi|p\rangle = 0$$

が成り立つ．[*12)] 従って

$$\langle p^{\sim}|(u^{\sim}\xi)(\bar{u}^{\sim}\xi) + (\bar{u}^{\sim}\xi)(u^{\sim}\xi)|q\rangle = 0$$

或いは

$$2\bar{u}^{\sim}u\langle p^{\sim}|q\rangle = 0$$

が帰結される．それゆえ $\langle p^{\sim}|q\rangle = 0$ である．

もしRが直交行列（複素であってもよい）であり、$\mathscr{R}$がそれに対応する回転演算子であるなら、公式

$$\langle p^{\sim}|\mathscr{R}|q\rangle = \{p^{\sim}Rq\}^{\frac{1}{2}} \tag{23.6}$$

が成立する．　$|q\rangle$ を標準ケット　$|z\rangle$ の項で表わし $\langle p^{\sim}|$ を標準ブラ $\langle\bar{z}^{\sim}|$ の項で表わすことができる．そうするとこの公式は

$$\langle \bar{z}^{\sim}|\mathscr{S}|z\rangle = \{\bar{z}^{\sim} Sz\}^{\frac{1}{2}} \tag{23.7}$$

となる．ここに$\boldsymbol{S}$は新しい直交行列であり、$\mathscr{S}$はそれに対応する回転演算子である．

無限次元

24. 有界行列の必要性

さて、極限移行 $n \to \infty$ を行い、前出の理論において、どのような変更がなされねばならないかをみよう．前の理論は主として行列間の関係式を含んでいるが、これらの方程式を無限次元の場合にも保持することを試みよう．

無限行列の乗法は、もし第一因子の列が第二因子の行と（1，1）対応にあり、しかも、積行列の要素を与える和がすべて収束するならば、可能である．

乗法を繰り返し行う際、有限行列の場合には、常に結合則が成り立ち、実際、前出の理論では絶えずそれを用いた．しかし、無限行列の場合には、それは一般には成り立たない．それゆえ、われわれは用いる行列が有界な行列であることを要求しなければならないのである．

有界な無限行列 X というのは、列一行列として書かれたどの2つの規格化されたヒルベルトベクトル u， v に対しても、数 $|u^{\sim} X v|$ に上界の存在するような行列 X のことである．有界行列は、加えたり掛けたりすることができ、その結果、他の有界行列が得られる．しかも、その乗法では常に結合則が成り立つ．前理論における有限行列の代りに有界行列を用いることによって、前の方程式系全般が引継がれ得ると期待してよい.*

＊註．有界行列の厳密な取扱いに対しては、AUREL WINTNER, Spektral Theorie der Unendlichen Matrizen, S. Hirzel, Leipzig, 1929 を見よ．

今後、（1，1）対応のことを、簡単のため、整合と呼ぶことにする．もし1つの無限行列においてその行と列が整合しているならば、固有値と固有ベクトルという概念を導入することができる．有界行列に対しては、固有値の絶対値に上界が存在しなければばならない．

1つの回転は

$$R^{\sim}R = RR^{\sim} = 1 \tag{24.1}$$

を満たす1つの行列Rによって与えられる．そのような行列は直交行列と名付けられる．この方程式に関する限りでは、Rの行と列とが整合している必要はない．しかし、Rが1つの回転と考えられるためには、この整合が必要である．

実回転に対してRはユニタリである．しかも、その場合、Rの固有値はすべて絶対値が1であるから、Rは有界でなければならない．しかし、もしRが複素であるならば、方程式（24.1）はRが有界であることを要求しない．それは無限大に向かう固有値をもってもよい．

われわれは実回転に話を制限しようとは思わない．前出の仕事の威力の多くは複素回転の使用に由来した．無限次元の場合にも類似の理論を得るために、われわれは複素回転を許し、それらが有界であることを要求する．

25. 無限ケット行列

われわれの用いる基礎的代数量は、いまや$\xi_1, \xi_2, \xi_3, \ldots$というふうに無限個あり、それらは依然（10.1）を満たす．Kを有界行列として、（10.3）のような量を用いて作業を進めてゆくのであるが、もし対角和$\langle K \rangle$が収束するならば、依然（10.4）が成り立つ．

単純ケット$|Q\rangle$を、条件

$$\sum_r q_{ra}\xi_r|Q\rangle = 0 \tag{25.1}$$

によって定義する．ここに、aの各々の値に対して、q_{ra}はヒルベルトベクト

ルの成分である：

$$\sum_r |q_{ra}|^2 \quad \text{が収束する.} \tag{25.2}$$

われわれは無限個の条件（25.1）を必要とする．従って、q_{ra} は無限個の行と列とをもつ行列 q を形成する．それを、やはり、ケット行列と呼ぶ．かくて（25.1）を

$$q^{\sim}\xi|Q\rangle = 0 \tag{25.3}$$

のように書くことができる．

有限の場合と類似の理論を築き上げることができるように q に対して次の条件を課す．

（i） q は有界行列である．この条件は（25.2）よりも強い条件である．

（ii） $q^{\sim}q = 0.$

§16の条件（iii）に対応するためには、

$$q_{ra}u_a = 0 \quad \text{または} \quad qu = 0 \tag{25.4}$$

であるようなヒルベルトベクトル u_a は全く存在しない、という要求を課すべきだと考える向きもあるかもしれない．しかし、この条件は充分強い条件ではないだろう．もっとも、条件（25.4）なら確かに q が右に零離散固有値をもたぬことを保証するであろう．しかし、われわれはもっと強い条件：q は、零固有値を通過する連続的な範囲の固有値を右にもたない、を要求する．この条件を定式化する１つの都合のよい方法は、次の要求を課すことである：

（iii） q は有界な逆行列を左側にもつ．即ち

$$bq = 1 \tag{25.5}$$

であるような有界行列 b が存在する．

この条件から、エルミート行列 $\bar{q}^{\sim}q$ は有界な逆行列をもつ、という定理を演繹することができる.* それを証明するために、何でもよい、規格化されたベクトル $\boldsymbol{e}$ を採って、これを列一行列と考えよう. そうすると

$$1 = \bar{e}^{\sim}e = \bar{e}^{\sim}bqe \leq |b^{\sim}\bar{e}||qe|$$

である. ここで、どのヒルベルトベクトル u に対しても $|u| = (\bar{u}^{\sim}u)^{\frac{1}{2}}$ という記法を用いている. また一方

$$|b^{\sim}\bar{e}|^2 = \bar{e}^{\sim}b\bar{b}^{\sim}e \leq \beta$$

ここに β は $b\bar{b}^{\sim}$ の上限である. 従って

$$|qe|^2 \geq \beta^{-1}$$

或いは

$$\bar{e}^{\sim}\bar{q}^{\sim}qe \geq \beta^{-1}$$

これが規格化されたどのヒルベルトベクトル e に対しても成り立つ. よって、$\bar{q}^{\sim}q$ は下限、或いは、最低の固有値をもつ. これから次のことが帰結される：

(iii′) $(\bar{q}^{\sim}q)^{-1}$ が存在し、有界である.

これは§16の (iii′) に対応する.

有限の場合には、ベクトル $q_a, \bar{q}_a$ はすべて独立である、という独立性定理をもった. これに対応する定理は今度はこうである：行列 $q, \bar{q}$ を並べて作られる行列 $(q, \bar{q})$ は有界な左逆をもつ. それは (iii′) から証明される. まず

$$\begin{pmatrix} \bar{q}^{\sim} \\ q^{\sim} \end{pmatrix}(q, \bar{q}) = \begin{pmatrix} \bar{q}^{\sim}q & 0 \\ 0 & q^{\sim}\bar{q} \end{pmatrix}$$

＊註. WINTNER, 同書, p. 137の冒頭を見よ.

従って

$$\begin{pmatrix} (\bar{q}^{\sim}q)^{-1} & 0 \\ 0 & (q^{\sim}\bar{q})^{-1} \end{pmatrix} \begin{pmatrix} \bar{q}^{\sim} \\ q^{\sim} \end{pmatrix} (q, \bar{q}) = 1 \tag{25.6}$$

有限の場合われわれは、q における列の数が行の数の半分である、という条件をもった．行の数が無限のときには、これは明らかに無意味となる．それに代るなんらかの条件が必要である．われわれはベクトル $q_a, \bar{q}_a$ が全空間を張ることを要求する．従ってその条件を次のようにとる．

(iv) その要素が q の行に整合し、

$v^{\sim}q = 0$　且つ　$v^{\sim}\bar{q} = 0$

であるようなヒルベルトベクトル v は全く存在しない．

次の定理が成り立つ：もし A と B とが $AB = 1$ であるような有界行列であり、そして、もし $u^{\sim}B = 0$ を満たすようなヒルベルトベクトル u が全く存在しないならば、$BA = 1$ である．これを証明するには

$$(BA - 1)B = 0$$

であることに留意する．従って、どのヒルベルトベクトル v に対しても

$$v^{\sim}(BA - 1)B = 0$$

である．よって $v^{\sim}(BA - 1)$ が零でなければならない．なぜなら、もしそうでなければ、それは $u^{\sim}B = 0$ を満たすヒルベルトベクトル u を提供することになるからである．よって、$BA - 1 = 0$ が帰結される．

この定理を

$$A = \begin{pmatrix} (\bar{q}^{\sim}q)^{-1} & 0 \\ 0 & (q^{\sim}\bar{q})^{-1} \end{pmatrix} \begin{pmatrix} \bar{q}^{\sim} \\ q^{\sim} \end{pmatrix}$$

と $\boldsymbol{B} = (q, \bar{q})$ とに適用しよう．諸要求は、（25.6）と条件（iv）とから満たされている．ゆえに

$$(q, \bar{q})\begin{pmatrix} (\bar{q}^{\sim} q)^{-1} & 0 \\ 0 & (q^{\sim}\bar{q})^{-1} \end{pmatrix}\begin{pmatrix} \bar{q}^{\sim} \\ q^{\sim} \end{pmatrix} = 1 \tag{25.7}$$

を得る．かくて $(q, \bar{q})$ は両側において逆をもつ．（25.7）の積を遂行すると

$$q(\bar{q}^{\sim} q)^{-1}\bar{q}^{\sim} + \bar{q}(q^{\sim}\bar{q})^{-1}q^{\sim} = 1 \tag{25.8}$$

を得る．これは有限の場合の方程式（7.4）に似ている．

完全四半転演算子 ω は、（7.5）に対応して、

$$\tfrac{1}{2}(1 - i\omega) = q(\bar{q}^{\sim} q)^{-1}\bar{q}^{\sim} \tag{25.9}$$

によって導入することができる．共役方程式は

$$\tfrac{1}{2}(1 + i\bar{\omega}) = \bar{q}(q^{\sim}\bar{q})^{-1}q^{\sim} \tag{25.10}$$

である．（25.9）と（25.10）を加え、（25.8）を用いると、ω が実であることが解る．（25.9）の右辺はエルミートであるから、左辺もエルミートでなければならない、これは ω が反対称であることを示している．最後に、（25.9）と（25.10）とから、

$$(1 - i\omega)(1 + i\omega) = 0$$

であり、これは $\omega^2 = -1$ であることを示している．かくて、ω はそれが有限の場合にもっていた性質をすべてもっているわけである．

26. 1つのケット行列から他のケット行列への移行

定　理.　q は1つのケット行列であるとする．そして、λ は、有界な逆行列を両側において有し、且つ、q の列と整合する行をもつ1つの有界行列であ

るとする．そうすると、 $q^* = q\lambda$ はまた別のケット行列である．

証　明． われわれは

$$q^{*\sim}q^* = \lambda^\sim q^\sim q\lambda = 0$$

をもつ、従って、§25の条件（ii）が満たされる．qに対する条件（iii）から、$bq = 1$ であるような1つの有界行列bが存在する．ゆえに

$$\lambda^{-1}bq^* = \lambda^{-1}bq\lambda = 1$$

よって、q^*は条件（iii）を満たす．もし、

$$v^\sim q^* = 0 \qquad v^\sim \bar{q}^* = 0$$

であるようなヒルベルトベクトルvが存在したとすれば

$$v^\sim q\lambda = 0 \qquad v^\sim \bar{q}\bar{\lambda} = 0$$

であるが、λと$\bar{\lambda}$はどちらも有界な右逆をもつので、この方程式から

$$v^\sim q = 0 \qquad \bar{v}^\sim q = 0$$

を推論することができ、これは、qが（iv）を満たさぬことを意味するであろう．それゆえ q^* は（iv）を満たさねばならない．

ケット行列 q^* はケット $|Q\rangle$ に対して、qが課すのと等価な条件を課す．q^* は、公式（25.9）から直接検証できるように、同じ完全四半転ωに導く．

もし、qが正規直交行列でなければ、 q^*が正規直交行列であるように、λを選ぶことができる．この目的のためには

$$1 = q^{*\sim}\bar{q}^* = \lambda^\sim q^\sim \bar{q}\bar{\lambda}$$

であることが必要である．それは

$$\bar{\lambda}\lambda^{\sim} = (q^{\sim}\bar{q})^{-1}$$

に導く．この方程式の解は一意的ではない．１つの可能な解は

$$\lambda = (\bar{q}^{\sim}q)^{-\frac{1}{2}}$$

である．ここで、 $\bar{q}^{\sim}q$ の固有値はすべて正であるから、正の平方根をとってよい．

定　理．　qを１つのケット行列とし、Rをその列がqの行と整合する１つの有界直交行列とすると、$p = Rq$ はまた別のケット行列である．

証　明． pに対して

$$p^{\sim}p = q^{\sim}R^{\sim}Rq = q^{\sim}q = 0$$

であるから条件（ii）が満たされる．qに対する条件（iii）から、$bq = 1$ であるような１つの有界行列bが存在する．従って

$$1 = bR^{\sim}Rq = bR^{\sim}p$$

であり、よって、pは条件（iii）を満たす．従って、pはまた（iii′）を満たす、即ち、$(\bar{p}^{\sim}p)^{-1}$が存在して有界である．

条件（iv）を検証するために、

$$v^{\sim}p = 0 \qquad v^{\sim}\bar{p} = 0 \tag{26.1}$$

であるようなヒルベルトベクトル vが存在すると仮定しよう．そうすると、(25.8) と方程式（26.1）の第一式により

$$\begin{aligned} v^{\sim} &= v^{\sim}R\{q(\bar{q}^{\sim}q)^{-1}\bar{q}^{\sim} + \bar{q}(q^{\sim}\bar{q})^{-1}q^{\sim}\}R^{\sim} \\ &= v^{\sim}R\bar{q}(q^{\sim}\bar{q})^{-1}p^{\sim} \end{aligned} \tag{26.2}$$

となる．従って（26.1）の第二式は、今や

$$v^{\sim} R\bar{q}(q^{\sim}\bar{q})^{-1}p^{\sim}\bar{p} = 0$$

を与える．ところで、 $p^{\sim}\bar{p}$ は有界な逆行列をもつ．ゆえにこの方程式から $v^{\sim}R\bar{q} = 0$ が推論できる．従って（26.2）から $v^{\sim} = 0$ となる．

27．色々な種類のケット行列

q と p を2つのケット行列とすると、q の行は p の行と整合しなければならない．なぜなら、（25.3）のような方程式を立てるにあたって、$\xi^{\sim}q$ と $\xi^{\sim}p$ とを作ることができるためには、q と p はいずれも ξ と整合しなければならないからである．しかし、q の列は p の列と整合する必要はない．それゆえ、列が整合している2つのケット行列を同種類と見なしてケット行列を色々な種類に分類することができる．

q の列が p の列と整合している場合には、 $p = Rq$ であるような1つの直交有界行列 R の存在することが示せる．その証明は、有限な場合の§18の証明と同じである．R に対する公式は、やはり（18.1）によって与えられる：

$$R = p(\bar{q}^{\sim}q)^{-1}\bar{q}^{\sim} + \bar{p}(p^{\sim}\bar{p})^{-1}q^{\sim} \tag{27.1}$$

（27.1）において乗法が遂行されるためには q と p の列の整合が必要なことに注意すべきである．

q から p への上記の移行は、§26で論じた移行のうちの、第二種の移行である．第一種の移行に対しては、q と p の列の整合は全く必要でない．なぜなら、λ の行と列の整合は全く必要ないからである．

もし、整合しているケット行列に論議を制限するならば、有限の場合と同じように理論を展開することができる．これらのケット行列の1つから他への移行は1つの直交有界行列 R を含んでおりそれは、反対称有界行列 A を用いて e^{A} と表すことができる．また、これに対応し、符号は別にして定まった数係

数をもつ１つの回転演算子 $\mathscr{R} = e^{\frac{1}{2}\xi^{\sim}A\xi}$ を設定することができる.

そうすると、整合しているケット行列の各 q に対応して、

$$q^{\sim}\xi|q\rangle = 0 \tag{27.2}$$

を満たし、且つ、２つのケット行列 q と Rq に対して、有限の場合の (22.2) と同じ方程式

$$|Rq\rangle = \mathscr{R}|q\rangle$$

が成り立つように選ばれた数係数を有する１つの単純ケット $|q\rangle$ を設定することができる. 或る１つの種類のケット行列に対応するこれらの単純ケットは、ヒルベルト空間における回転に対する１つの表現に導く. その理由は、それら単純ケットの１つに、どの回転を適用しても、別の単純ケットを得るからである.

この表現を陽に得るために、それら単純ケットのうちに１つ、$|z\rangle$、を標準ケットとして採用しよう. ここに z は、今われわれの考察している種類に属する１つの正規直交ケット行列である. それから、有限の場合に行なったように、複素変数 η を、(19.2) により導入しよう. それらは、やはり、反交換関係式 (19.3), (19.5) を満たすであろうし、また、われわれはやはり

$$\bar{\eta}|z\rangle = 0 \tag{27.3}$$

をもつであろう. そうすれば他のどの単純ケットも

$$|q\rangle = \psi(\eta)|z\rangle$$

のように表すことができる. そのとき、関数 ψ への回転演算子の効果を与える法則が、まさに、われわれの求めている表現を提供する.

ところで、もし異なる種類のケット行列を考察するなら、それらは、前のケットにどの回転演算子を適用しても得ることのできない異なる種類の単純ケッ

トに導くであろう．これらの単純ケットは、ヒルベルト回転の別の表現を提供するであろうし、異なる種類のスピノルと見なされねばならない．

ケット行列 q から異なる種類の $q^* = q\alpha$ に移行してもよい．単純ケット $|q^*\rangle$ は $|q\rangle$ の満たすのと同じ方程式(27.2)を、全て満たす．しかし、$|q^*\rangle$ は $|q\rangle$ とは異なる種類のケットであり、単に $|q\rangle$ の何倍かではありえない．前出の有限の場合には、方程式（22.3）によって示されるように、$|q^*\rangle$ は $|q\rangle$ の数値倍であったけれども、今の場合はそうではあり得ないのである．こうして方程式（27.2）は、数係数の不確定さを別にしても、なお、1つの単純ケットを固定するのに充分でないことが推論できる．

28. 結合則の欠落

乗法の結合則は、有界行列に対して常に成り立つ．ヒルベルトベクトルは、列一行列として書けるが、それは有界である．ゆえにヒルベルトベクトルは結合則的代数の中に組み込まれ得る．しかし、ξ から作られる列一行列は有界でない．同様に、η から作られる列一行列は有界でない．それゆえ、これらの列一行列とその転置行列は、一般に、結合則的代数の中に組み込まれ得ない．

これらの場合に、もし結合則的乗法を仮定するとどんな厄介なことが起こり得るかは次の計算によって例証される．交換子記号 $[\alpha, \beta]_- = \alpha\beta - \beta\alpha$ を用いると、有界行列 λ_{ab}, μ_{ab} に対して、われわれは

$$
\begin{aligned}
[\eta^{\sim}\lambda\bar{\eta}, \eta^{\sim}\mu\bar{\eta}]_- &= \lambda_{ab}\mu_{cd}\{\eta_a\bar{\eta}_b\eta_c\bar{\eta}_d - \eta_c\bar{\eta}_d\eta_a\bar{\eta}_b\} \\
&= \lambda_{ab}\mu_{cd}\{\eta_a(\delta_{bc} - \eta_c\bar{\eta}_b)\bar{\eta}_d - \eta_c(\delta_{ad} - \eta_a\bar{\eta}_d)\bar{\eta}_b\} \\
&= \eta_a\lambda_{ab}\mu_{bd}\bar{\eta}_d - \eta_c\mu_{ca}\lambda_{ab}\bar{\eta}_b \\
&= \eta^{\sim}(\lambda\mu - \mu\lambda)\bar{\eta} \qquad (28.1)
\end{aligned}
$$

をもつ．上の結果において、η と $\bar{\eta}$ とを入れ換え、λ の代りに $\lambda^{\sim}$ 、そして、μ の代りに $\mu^{\sim}$ と置くことができる．そうすると

$$[\bar{\eta}^{\sim}\lambda^{\sim}\eta, \bar{\eta}^{\sim}\mu^{\sim}\eta]_{-} = \bar{\eta}^{\sim}(\lambda^{\sim}\mu^{\sim} - \mu^{\sim}\lambda^{\sim})\eta \qquad (28.2)$$

を得る．ところで、

$$\bar{\eta}^{\sim}\lambda^{\sim}\eta = \bar{\eta}_a\lambda_{ba}\eta_b = \lambda_{ba}(\delta_{ab} - \eta_b\bar{\eta}_a)$$

$$= \langle\lambda\rangle - \eta^{\sim}\lambda\bar{\eta} \qquad (28.3)$$

であり、同様の式が $\bar{\eta}^{\sim}\mu^{\sim}\eta$ と $\bar{\eta}^{\sim}(\lambda^{\sim}\mu^{\sim} - \mu^{\sim}\lambda^{\sim})\eta$ に対して成り立つ．ゆえに（28.2）は

$$[\langle\lambda\rangle - \eta^{\sim}\lambda\bar{\eta}, \langle\mu\rangle - \eta^{\sim}\mu\bar{\eta}]_{-} = \langle\mu\lambda - \lambda\mu\rangle$$

$$- \eta^{\sim}(\mu\lambda - \lambda\mu)\bar{\eta} \qquad (28.4)$$

を与える．

（28.4）と（28.1）とを比較すると、数、$\langle\lambda\rangle$ と $\langle\mu\rangle$ は交換子に寄与しないから、左辺どうしは相等しい．右辺どうしは

$$\langle\lambda\mu - \mu\lambda\rangle = 0 \qquad (28.5)$$

のときにだけ相等しい．

この公式は、有限行列に対して、常に成り立つ．しかし、無限行列の場合には、たとえ $\boldsymbol{\lambda}$ と $\boldsymbol{\mu}$ が有界であっても、成り立つ必要がない．例えば

$$\lambda = \begin{array}{|cccccc} 0 & 1 & 0 & 0 & . & . \\ 0 & 0 & 1 & 0 & . & . \\ 0 & 0 & 0 & 1 & . & . \\ 0 & 0 & 0 & 0 & . & . \\ . & . & . & . & . & . \\ . & . & . & . & . & . \end{array} \qquad \mu = \begin{array}{|cccccc} 0 & 0 & 0 & 0 & . & . \\ 1 & 0 & 0 & 0 & . & . \\ 0 & 1 & 0 & 0 & . & . \\ 0 & 0 & 1 & 0 & . & . \\ . & . & . & . & . & . \\ . & . & . & . & . & . \end{array}$$

ととろう．そうすると

$$\lambda\mu - \mu\lambda = \begin{array}{|cccccc} \hline 1 & 0 & 0 & 0 & . & . \\ 0 & 0 & 0 & 0 & . & . \\ 0 & 0 & 0 & 0 & . & . \\ 0 & 0 & 0 & 0 & . & . \\ . & . & . & . & . & . \\ . & . & . & . & . & . \end{array}$$

であり、

$$<\lambda\mu - \mu\lambda> = 1$$

である.

このように、(28.1) 及び (28.2) という2つの結果は互いにつじつまが合っていない. 従って、両方共に正しいということはあり得ない. それらの間の対称性から見て、両方共間違っていると期待すべきである.

実の ξ を用いたこれに相応する計算を行なおう. $\boldsymbol{A}$ と $\boldsymbol{B}$ とを有界な反対称行列とし、交換子

$$[\tfrac{1}{4}\xi^{\sim}A\xi, \tfrac{1}{4}\xi^{\sim}B\xi]_- \qquad (28.7)$$

を評価しよう. 計算は§10で行った有限の場合と全く同じように進行し、その結果はやはり (10.6)、即ち、

$$[\tfrac{1}{4}\xi^{\sim}A\xi, \tfrac{1}{4}\xi^{\sim}B\xi]_- = \tfrac{1}{4}\xi^{\sim}(AB - BA)\xi \qquad (28.8)$$

である.

ところで、反対称の $\boldsymbol{A}$ を用いた $\tfrac{1}{4}\xi^{\sim}A\xi$ のような代数的量はヒルベルト空間の無限小回転演算子である. ゆえにそれらは交換関係 (28.8) を満たさねばならない. もし (28.8) が成り立たなかったならば、スピノルを得る手続全体はつぶれてしまうであろう. それゆえ、(28.8) は理論の1つの基本公式であり、

(28.1) や (28.2) のような、妥当性の疑わしい代数的計算の 1 つの帰結にすぎないようなものではない．われわれは後者を (28.8) と一致するように修正しなければならない．

(19.6) から

$$\begin{aligned}\eta^{\sim}\lambda\bar{\eta} &= \tfrac{1}{2}\xi^{\sim}\bar{z}\lambda z^{\sim}\xi \\ &= \tfrac{1}{4}\xi^{\sim}(\bar{z}\lambda z^{\sim} - z\lambda^{\sim}\bar{z}^{\sim})\xi + \tfrac{1}{4}\xi^{\sim}(\bar{z}\lambda z^{\sim} + z\lambda^{\sim}\bar{z}^{\sim})\xi \\ &= \tfrac{1}{4}\xi^{\sim}A\xi + \tfrac{1}{2}<\lambda> \qquad (28.9)\end{aligned}$$

をもつ．ここに A は反対称行列

$$A = \bar{z}\lambda z^{\sim} - z\lambda^{\sim}\bar{z}^{\sim} \qquad (28.10)$$

であり、われわれは (10.4) と、

$$<\bar{z}\lambda z^{\sim}> = <\lambda z^{\sim}\bar{z}> = <\lambda>$$

を用いた．同様にして

$$\eta^{\sim}\mu\bar{\eta} = \tfrac{1}{4}\xi^{\sim}B\xi + \tfrac{1}{2}<\mu>$$

ここに

$$B = \bar{z}\mu z^{\sim} - z\mu^{\sim}\bar{z}^{\sim}$$

である．(28.1) の左辺は、かくて、上のように与えられた A と B とをもつ (28.7) と同じである．

(28.1) の右辺は、今や、(28.8) の右辺と一致するように修正されねばならない．(28.9) へ導いたと同じ方法によって

$$\eta^{\sim}(\lambda\mu - \mu\lambda)\bar{\eta} = \tfrac{1}{4}\xi^{\sim}(AB - BA)\xi + \tfrac{1}{2}<\lambda\mu - \mu\lambda>$$

が得られる．それゆえ（28.1）は次のように修正されねばならない：

$$[\eta^{\sim}\lambda\bar{\eta},\eta^{\sim}\mu\bar{\eta}]_{-}=\eta^{\sim}(\lambda\mu-\mu\lambda)\bar{\eta}-\tfrac{1}{2}<\lambda\mu-\mu\lambda> \qquad (28.11)$$

（28.1）と（28.4）の右辺の平均が、それらのいずれの１つに対しても正しい値であることに注意しておく．

29. 基本交換子

ヒルベルト空間での回転の１表現に固執する．従ってそこでのスピノルは１つの標準ケット $|z\rangle$ を用いて表現できるケットである．これらのケットに、無限小回転演算子 $\xi^{\sim}A\xi$（A は反対称）によって築きあげられる回転過程と、演算子 $u^{\sim}\xi$ （u はヒルベルトベクトル）によって作られる反転過程とを適用することができる．この $\xi^{\sim}A\xi$ は一般に因子をもつ項の和に分解できぬ素量と考えられねばならない．さもないとその計算は当てにならないのである．

$\xi^{\sim}A\xi$ と $u^{\sim}\xi$ との交換子を作るときには、何の困難も起きない．しかし、１つの $\xi^{\sim}A\xi$ と他の $\xi^{\sim}A\xi$ との交換子を作るときには曖昧さが起こり得る．

量 $\xi^{\sim}A\xi$ は変数 η，$\bar{\eta}$ の言葉で書き表してもよい.[*13)] そうするとそれは３つの型に分かれる．

(1)型．$\eta^{\sim}\mu\eta$ （μ は反対称）のように η について２次．

(2)型．$\bar{\eta}^{\sim}\nu\bar{\eta}$ （ν は反対称）のように $\bar{\eta}$ について２次．

(3)型．$\eta^{\sim}\lambda\bar{\eta}$ 或いは $\bar{\eta}^{\sim}\lambda\eta$ にように η と $\bar{\eta}$ について双一次で、それに数値項が付加されているもの．

これら３つの型の量に対して記号 $\mathscr{T}_1, \mathscr{T}_2, \mathscr{T}_3$ を用いると、それらの交換子は次のような型であることが解る：

$$[\mathscr{T}_1,\mathscr{T}'_1]_{-}=0 \qquad [\mathscr{T}_2,\mathscr{T}'_2]_{-}=0 \qquad [\mathscr{T}_3,\mathscr{T}'_3]_{-}=\mathscr{T}''_3$$

$$[\mathscr{T}_1,\mathscr{T}_2]_{-}=\mathscr{T}_3 \qquad [\mathscr{T}_1,\mathscr{T}_3]_{-}=\mathscr{T}'_1 \qquad [\mathscr{T}_2,\mathscr{T}_3]_{-}=\mathscr{T}'_2 \qquad (29.1)$$

これらの交換子を求める際、結果が $\mathscr{T}_3$ である場合を除外すれば、如何なる曖昧さに遭遇することもない. 結果が $\mathscr{T}_3$ になるのは交換子 $[\mathscr{T}_3, \mathscr{T}'_3]_-$ と $[\mathscr{T}_1, \mathscr{T}_2]_-$ の場合である. その場合には、付加され得る数値項に曖昧さがある. $[\mathscr{T}_3, \mathscr{T}'_3]_-$ の場合は前節で扱った. ここでは $[\mathscr{T}_1, \mathscr{T}_2]_-$ の場合を取りあげよう.

必ずしも反対称ではないが、その行と列とが η に整合している何か2つの行列を μ, ν としよう. そうすると

$$
\begin{aligned}
[\eta^{\sim}\mu\eta, \bar{\eta}^{\sim}\nu\bar{\eta}]_- &= \mu_{ab}\nu_{cd}\{\eta_a\eta_b\bar{\eta}_c\bar{\eta}_d - \bar{\eta}_c\bar{\eta}_d\eta_a\eta_b\} \\
&= \mu_{ab}\nu_{cd}\{\eta_a\eta_b\bar{\eta}_c\bar{\eta}_d - \bar{\eta}_c(\delta_{ad} - \eta_a\bar{\eta}_d)\eta_b\} \\
&= \mu_{ab}\nu_{cd}\{\eta_a(\delta_{bc} - \bar{\eta}_c\eta_b)\bar{\eta}_d - \delta_{ad}(\delta_{bc} - \eta_b\bar{\eta}_c) \\
&\quad + (\delta_{ac} - \eta_a\bar{\eta}_c)(\delta_{bd} - \eta_b\bar{\eta}_d)\} \qquad (29.2) \\
&= \eta^{\sim}(\mu - \mu^{\sim})(\nu - \nu^{\sim})\bar{\eta} - \mu_{ab}\nu_{ba} + \mu_{ab}\nu_{ab}
\end{aligned}
$$

を得る. ここの数値項は曖昧であり、それらは、a と b についての和がどのように遂行されるかに依存し得る. 例えば、$\mu_{ab}\nu_{ab}$ は対角和として

$$
<\mu\nu^{\sim}> \qquad <\nu\mu^{\sim}> \qquad <\mu^{\sim}\nu> \qquad <\nu^{\sim}\mu>
$$

のいずれの形に表わすこともできる. 最初の2つは相等しく、そして、最後のの2つも相等しいが、しかし、最初の2つとは異なるかもしれない. 正しい形を見出すためには、行列 μ, ν の反対称部分だけが有意であることに注意する. よって (29.2) は

$$
\begin{aligned}
[\eta^{\sim}\mu\eta, \bar{\eta}^{\sim}\nu\bar{\eta}]_- &= \eta^{\sim}(\mu - \mu^{\sim})(\nu - \nu^{\sim})\bar{\eta} \\
&\quad -\tfrac{1}{2}<(\mu - \mu^{\sim})(\nu - \nu^{\sim})> \qquad (29.3)
\end{aligned}
$$

と書かれるべきである. (29.3) の右辺は、或る λ について

$$
\eta^{\sim}\lambda\bar{\eta} - \tfrac{1}{2}<\lambda> \qquad (29.4)
$$

という形をしている．演算子と数値項とのこの特定の組合せはまた、無限小回転演算子 $\frac{1}{4}\xi^{\sim}A\xi$ を与えるための、(28.9) による、正しい組合せなのである．方程式 (29.1) の１つの方程式の右辺において $\mathscr{T}_3$ として現れるのは、常にそのような組合せである．

30. ボゾン変数

λ はその行と列とが η に整合している何か有界行列であるとし、

$$\mathscr{B}_\lambda = \eta^{\sim}\lambda\bar{\eta}$$

と置こう．この記号を用いると、(28.11) という結果は

$$\mathscr{B}_\lambda\mathscr{B}_\mu - \mathscr{B}_\mu\mathscr{B}_\lambda = \mathscr{B}_{\lambda\mu-\mu\lambda} - \tfrac{1}{2}<\lambda\mu - \mu\lambda> \tag{30.1}$$

と書ける．

(27.3) から見て、$\mathscr{B}_\lambda$ 変数のどの１つに対しても

$$\mathscr{B}_\lambda|z\rangle = 0$$

が成り立つものと期待したくなるであろう．しかしこれは正しくはあり得ない．なぜなら (30.1) の両辺を $|z\rangle$ に作用させると、それは左辺を零にするが、一方、右辺はもし $<\lambda\mu - \mu\lambda> \neq 0$ ならば零にならないからである．結合則の欠落がここに最も直接的に現れている．$\mathscr{B}_\lambda$ は１つの素量であって、

$$\mathscr{B}_\lambda|z\rangle \neq \eta^{\sim}\lambda\{\bar{\eta}|z\rangle\}$$

であると考えられねばならない．

この理論に現れる $\mathscr{B}_\lambda$ は新しい種類の原初的演算子である．有限の場合にはこれに対応するようなものは全くない．われわれはこれらの演算子をボゾン変数と名付けることにする．

(2)型のどの量 $\mathscr{T}_2$ に対して

$$\mathscr{T}_2|z\rangle = 0 \tag{30.2}$$

ととっても、何の矛盾も生じない．従って $\mathscr{T}_2$ を他の新しい型の原初的演算子として数える必要は全くない． $\mathscr{T}_1$ も原初的演算子と数えるべきではない．

こうして、標準ケット $|z\rangle$ を用いて作業するとき、それに作用する原初的演算子として、われわれは上記のボゾン変数と $v^{\sim}\eta$ または $v^{\sim}\bar{\eta}$ の型のフェルミオン変数とをもつ．ここに v はその座標が η に整合するヒルベルトベクトルである．

どの１つのボゾン変数 $\mathscr{B}_\lambda$ も１つの無限小回転

$$\tfrac{1}{4}\xi^{\sim}A\xi = \mathscr{B}_\lambda - \tfrac{1}{2}<\lambda> \tag{30.3}$$

と関係がある．ここに A は（28.10）で与えられる反対称行列である．ここで

$$\lambda = z^{\sim}A\bar{z} \tag{30.4}$$

であることに注意せよ．

何がボゾン変数と関係づけられる回転を特徴づけ、且つ、何がそれらから、$\mathscr{T}_1$ と $\mathscr{T}_2$ とに関係づけられる回転を識別するのか、を見よう．
（28.10）から

$$\bar{z}z^{\sim}A = \bar{z}z^{\sim}\bar{z}\lambda z^{\sim} = \bar{z}\lambda z^{\sim}$$

を得る．同様に、

$$A\bar{z}z^{\sim} = \bar{z}\lambda z^{\sim}\bar{z}z^{\sim} = \bar{z}\lambda z^{\sim}$$

を得る．よって A は $\bar{z}z^{\sim}$ と可換である．標準ケット $|z\rangle$ に連合される完全四半転を ω_z とすると、（7.8）の共役式から

$$\tfrac{1}{2}(1 + i\omega_z) = \bar{z}z^{\sim}$$

である．よってAはω_zと可換である．

逆に、ω_zと可換な反対称のどのAも（30.3）によって1つのボゾン変数に関係づけられる．これを証明するために、(30.4）によってλを定義しよう．そうすると

$$\bar{z}\lambda z^{\sim} = \bar{z}z^{\sim}A\bar{z}z^{\sim}$$
$$= \tfrac{1}{4}(1 + i\omega_z)A(1 + i\omega_z)$$
$$= \tfrac{1}{2}A + \tfrac{1}{4}i(\omega_z A + A\omega_z)$$

である．ゆえに

$$\mathscr{B}_\lambda = \eta^{\sim}\lambda\bar{\eta} = \tfrac{1}{2}\xi^{\sim}\bar{z}\lambda z^{\sim}\xi$$
$$= \tfrac{1}{4}\xi^{\sim}A\xi + \tfrac{1}{8}i\xi^{\sim}(\omega_z A + A\omega_z)\xi$$

を得る．$\omega_z A + A\omega_z$は対称であるから、最後の項は1つの数である．よってこのAは1つのボゾン変数へと導き、$\mathscr{T}_1$または$\mathscr{T}_2$のような量には導かない．

ボゾン変数$\mathscr{B}_\lambda$のエルミート共役は

$$\bar{\mathscr{B}}_\lambda{}^{\sim} = \eta^{\sim}\bar{\lambda}^{\sim}\bar{\eta} = \mathscr{B}_{\bar{\lambda}^{\sim}} \tag{30.5}$$

である．それはもとの行列のエルミート共役行列に対応する別のボゾン変数である．

31．ボゾン射出演算子と吸収演算子

方程式

$$\mathscr{B}_\lambda|z\rangle = 0 \tag{31.1}$$

がすべてのボゾン変数に対して成り立つ、ということはあり得ない．しかし、これらの方程式は、ボゾン変数の或る一定の類に対しては成り立ち得る．その

ようなボゾン変数に現れる行列の類を調べよう．勿論、その類というのは、その類の中の行列のどの一次結合もまたその類の中にある、というようなものである．

もしλとμがこの類の中にあるならば

$$\mathscr{B}_\lambda|z\rangle = 0 \qquad \mathscr{B}_\mu|z\rangle = 0$$

であり、これは

$$(\mathscr{B}_\lambda\mathscr{B}_\mu - \mathscr{B}_\mu\mathscr{B}_\lambda)|z\rangle = 0$$

に導く．(30.1) から、これは

$$\mathscr{B}_{\lambda\mu-\mu\lambda}|z\rangle = \tfrac{1}{2}<\lambda\mu - \mu\lambda>|z\rangle \tag{31.2}$$

を与える．これを満たすためにわれわれは

$$<\lambda\mu - \mu\lambda> = 0$$

と

$$\mathscr{B}_{\lambda\mu-\mu\lambda}|z\rangle = 0$$

とを必要とする．従って一貫性のための次の2つの要求を得る：もしλとμとがその類の中にあるならば、

(i)　$\lambda\mu - \mu\lambda$　もまたその類の中にある．

(ii)　$<\lambda\mu - \mu\lambda> = 0.$

Fを、ηに整合する行と列とを有する有限階数の有界行列としよう．そうするとFの要素は

$$F_{ab} = \sum_n \alpha_{an}\beta_{nb}$$

という形をもつ．ここにnは有限個の値しかとらない．そうすると、どのλに

対しても、 $F\lambda - \lambda F$ はまた有限階数の行列であり、その対角和は零である．それゆえ、たとえどのような他の行列がこの類の中にあろうと、有限階数の有界行列はすべてこの類の中に含められ得る．かくて有限階数のどの有界行列 $\boldsymbol{F}$ に対してもわれわれは

$$\mathscr{B}_F|z\rangle = 0 \tag{31.3}$$

を採る．

無限階数の行列に対して、上記の条件を満たすための１つの方式を設定しよう．η の下つき添字が値、 1, 2, 3, . . . to ∞ をとれば生ずるであろうような、η 変数の、或る定まった発端をもつ、自然な順序づけが存在すると仮定しよう．そうすると、λ 行列の行と列とはこの順序づけをもち、それらは

$$\begin{array}{|ccccc}
\hline
\times & \times & \times & \times & . \\
\times & \times & \times & \times & . \\
\times & \times & \times & \times & . \\
\times & \times & \times & \times & . \\
. & . & . & . & .
\end{array}$$

のように現れる．

その場合、３種類の行列が存在する：

対角行列．　主対角線上の要素以外のすべての要素が零である．

左行列．　主対角線の左側以外のすべての要素が零である．

右行列．　主対角線の右側以外のすべての要素が零である．

どの行列もこの３種類の行列の和として一意的に表現され得る．左行列の転置行列は勿論右行列である．

これら３種類の行列に対して記号 $\boldsymbol{D}, \boldsymbol{L}, \boldsymbol{R}$ を用いよう．そうすると、それら

の交換関係式は、一覧表

$$[D, D']_- = 0 \qquad [D, L]_- = L'$$

$$[D, R]_- = R' \qquad [L, L']_- = L''$$

$$[R, R']_- = R'' \qquad [L, R]_- = L' + R' + D$$

によって与えられる.

さて

$$\text{すべての}\,D\,\text{と}\,L\,\text{に対して}\begin{cases}\mathscr{B}_D|z\rangle = 0\\ \mathscr{B}_L|z\rangle = 0\end{cases} \tag{31.4}$$

という方式を設定してもよい. これをL方式と名付けよう. もう1つ、

$$\text{すべての}\,D\,\text{と}\,R\,\text{に対して}\begin{cases}\mathscr{B}_D|z\rangle = 0\\ \mathscr{B}_R|z\rangle = 0\end{cases} \tag{31.5}$$

という方式があり、これをR方式と名付ける. どちらの方式も上記の条件(ⅰ)と(ⅱ)を満たす. しかし両方式は他の細目においては満足さの点において同等ではない.

方程式 (31.4) の第二式の共役転置式は

$$\langle \bar{z}^{\sim}|\mathscr{B}_R = 0$$

である. 方程式 (31.5) の第二式の共役転置式は

$$\langle \bar{z}^{\sim}|\mathscr{B}_L = 0$$

である. 従って、どちらの方式でも

$$\text{すべての}\,\lambda\,\text{に対して}\ \langle \bar{z}^{\sim}|\mathscr{B}_\lambda|z\rangle = 0 \tag{31.6}$$

である．

もしL方式で作業するならば、(30.1)と(31.6)とから

$$\langle\bar{z}^{\sim}|\mathscr{B}_L\mathscr{B}_R|z\rangle = \langle\bar{z}^{\sim}|\mathscr{B}_L\mathscr{B}_R - \mathscr{B}_R\mathscr{B}_L|z\rangle$$

$$= \tfrac{1}{2}< RL - LR >$$

を得る．$RL-LR$の対角要素の1つは

$$(RL-LR)_{aa} = \sum_{b>a} R_{ab}L_{ba} - \sum_{b<a} L_{ab}R_{ba}$$

である．それゆえ、第二の二重和において、aとbとを入換えると

$$\sum_{a=1}^{n}(RL-LR)_{aa} = \sum_{a=1}^{n}\sum_{b>a} R_{ab}L_{ba} - \sum_{b=1}^{n}\sum_{a<b} R_{ab}L_{ba}$$

となるが、若干の項は打ち消し合って、

$$\sum_{a=1}^{n}\sum_{b=n+1}^{\infty} R_{ab}L_{ba}$$

が残る．それゆえ

$$\langle\bar{z}^{\sim}|\mathscr{B}_L\mathscr{B}_R|z\rangle = \tfrac{1}{2}\lim_{n\to\infty}\sum_{a=1}^{n}\sum_{b=n+1}^{\infty} R_{ab}L_{ba} \tag{31.7}$$

である．

ケット$\mathscr{B}_R|z\rangle$の平方長は$\langle\bar{z}^{\sim}|\mathscr{B}_{\bar{R}\sim}\mathscr{B}_R|z\rangle$であり、従ってそれは$L_{ba}=\bar{R}_{ab}$をもつ(31.7)によって与えられる．これは正または零である．それゆえ、L方式はこのケットに対して正定符号計量を与える．

もしR方式で作業すると、$\langle\bar{z}^{\sim}|\mathscr{B}_R\mathscr{B}_L|z\rangle$は(31.7)の右辺に負の符号を付けたものとなることがわかる．それゆえ、R方式はケットに対して正定符号計量を与えない．R方式はさほど満足すべきものではなく、これ以上考察しないことにする．

L方式を採用すると、$\mathscr{B}_R$をボゾンの生成演算子、$\mathscr{B}_L$をボゾンの消滅演算子と解釈することができる．そうすると(31.4)を満たすケット$|z\rangle$は、フェ

ルミオンが全く存在しないだけでなく、ボゾンも全く存在しない状態を表現する．$L_{ba} = \overline{R}_{ab}$ のときの（31.7）が1であるように R_{ab} を選ぶならば、生成演算子 $\mathscr{B}_R$ は規格化される．そのようなRの1例は（28.6）のλ行列の $2^{\frac{1}{2}}$ 倍である．

32. 無限行列式

§23において展開されたスカラー積の公式が無限次元の場合に成り立つかどうか、を考察しよう．これには、無限行列の行列式に意味を与えるという問題が含まれる．

もし有限正方行列Xが $X = e^Y$ のように表わされるならば、その行列式は

$$\{e^Y\} = e^{\langle Y \rangle} \tag{32.1}$$

である．この公式は、前に（22.3）と（23.5）とを導く際に、無限小のYに対して用いられた．無限次元の場合、ひとは（32.1）を行列式の定義として採用するかもしれない．行列式はその場合、和$\langle Y \rangle$が収束するときにのみ存在するであろう．

もう1つ別の定義は、$.X._n$をXの最初のn行n列で作られる正方行列として、

$$\{X\} = \lim_{n\to\infty} \{.X._n\} \tag{32.2}$$

を採用することであろう．無限行列式はその場合、この極限が存在するときにのみ存在する．この2つの定義は通常は異なる結果を与える．われわれはここで(32.2)を採用しよう．なぜなら、もしL方式で作業するならば、定義(32.2)はあのスカラー積の公式を成り立たせることが解るからである．

補助定理．　もしGが一般の無限行列であり、DとRとが対角行列と右行列とを表わすならば、

$$\{G(D+R)\} = \{G\}\{D+R\} \tag{32.3}$$

である.

証 明. まず

$$[G(D+R)]_{ab} = \sum_{c \leqq b} G_{ac}(D+R)_{cb}$$

と書ける. もし、aとbの双方ともnよりも小さいかまたはnに等しい、と制限するならば

$$.G(D+R)._{n} = .G._{n}\,.(D+R)._{n}$$

であることが解る. よって

$$\{.G(D+R)._{n}\} = \{.G._{n}\}\{.(D+R)._{n}\}$$

を得る. そこで $n \to \infty$を行なえば、定義 (32.2) を用いて (32.3) を得る. 勿論、Dの対角要素をD_a と書くならば

$$\{D+R\} = \prod_{a=1}^{\infty} D_a \tag{32.4}$$

である.

(32.3) の転置式は公式

$$\{(D+L)G\} = \{D+L\}\{G\} \tag{32.5}$$

を与える.

定 理. もしGがすべてのnに対して $\{.G._{n}\} \neq 0$ であるような無限行列であるならば、それは

$$G = (1+L)D(1+R) \tag{32.6}$$

のように表わせる．

証　明．　公式（32.6）は

$$.G._n = .(1 + L)._n .D._n .(1 + R)._n \tag{32.7}$$

を要求する．この式で n の代りに $n-1$ をおくと

$$.G._{(n-1)} = .(1 + L)._{(n-1)} .D._{(n-1)} .(1 + R)._{n-1} \tag{32.8}$$

である．或る特定の n に対して(32.8)を満たすような行列 $.L._{(n-1)}$, $.D._{(n-1)}$, $.R._{(n-1)}$を見出したとしよう．そのとき、(32.7)が満たされるように、L, D, R の第 n 番目の行と列における行列要素を選ぶ、という問題を考察しよう．$a < n$ に対して

$$G_{na} = L_{na}D_a + \sum_{b<a} L_{nb}D_bR_{ba} \tag{32.9}$$

$$G_{an} = D_aR_{an} + \sum_{b<a} L_{ab}D_bR_{bn} \tag{32.10}$$

$$G_{nn} = D_n + \sum_{b<n} L_{nb}D_bR_{bn} \tag{32.11}$$

を得る．

（32.8）から

$$\langle\!\langle .G._{(n-1)} \rangle\!\rangle = \prod_{a=1}^{n-1} D_a$$

をもつ．この行列式は零になってはならない、従って、$a \le n-1$ に対して $D_a \ne 0$ であることが推論できる．（32.9）において $a = 1, 2, \dots, (n-1)$ とおくと、逐次 $L_{n1}, L_{n2}, \dots, L_{n(n-1)}$ を決定する方程式を得る．同様に(32.10)は $R_{1n}, R_{2n}, \dots, R_{(n-1)n}$ を逐次決定する．最後に（32.11）は D_n を決定する．よって（32.7）が満たされる．このようにして n をどんどん増し続けて、（32.6）を満足させることができる．

更に一般的な定理.　Gをすべての$n \geq m$に対して $\{.G._n\} \neq 0$ である無限行列とすると、それは

$$G = (1 + L)(F + D)(1 + R) \tag{32.12}$$

のように表わせる．ここに、Fは$a \leq m$且つ$b \leq m$でなければ$F_{ab} = 0$であるような行列であり、またL_{ab}, D_a, R_{ab}はもし$a \leq m$且つ$b \leq m$ならば零である.

証　明.　$a \leq m$ と $b \leq m$ とに対しては、公式（32.12）は

$$G_{ab} = F_{ab}$$

を与え、これはFを適当に選ぶことによって満足させられる．そのときわれわれは

$$\{.F._m\} = \{.G._m\} \neq 0 \tag{32.13}$$

をもつ.

（32.12）から、$n > m$ に対してわれわれは

$$.G._n = .(1 + L)._n\,.(F + D)._n\,.(1 + R)._n \tag{32.14}$$

をもつ．これを前と同じように扱おう．nの代りに$(n-1)$をもつ対応する方程式を既に満足させたものと仮定し、L, D, R の第n番目の行と列の行列要素を、(32.14)が満たされるように選ぶことにする．$a \leq m$ に対して公式(32.14)は

$$G_{na} = \sum_{b \leq m} L_{nb} F_{ba} \tag{32.15}$$

を与え、$n > a > m$ に対しては

$$G_{na} = L_{na} D_a + \sum_b \sum_c L_{nb} (F + D)_{bc} R_{ca} \tag{32.16}$$

を与える．m個の方程式（32.15）は、（32.13）によりその係数 F_{ba} の行列式

が零ではないので、 $b \leq m$ に対して L_{nb} を定める.

もし $n = m + 1$ ならば方程式（32.16）は全く存在しない. $n > m + 1$ に対しては、（32.16）の右辺の第一項の D_a が零でないことが推論できる. なぜかというと、われわれは n の代りに $n-1$ をもつ（32.14）を仮定しているのであって、これは

$$\langle\!\langle .G._{n-1} \rangle\!\rangle = \langle\!\langle .(F+D)._{n-1} \rangle\!\rangle = \langle\!\langle .F._m \rangle\!\rangle \prod_{a=m+1}^{n-1} D_a$$

を与え、この左辺の行列式は零ではありえないからである.（32.16）の右辺の残りの項は、既知の量を別にすれば、 $b < a$ の L_{nb} しか含んでいない. なぜなら、 $b \leq m$ でなければ $F_{bc} = 0$ であり、また、 $b < a$ でなければ $R_{ba} = 0$ だからである. それゆえ（32.16）は、 $a = m+1,\ m+2, \ldots, n-1$ をもつすべての L_{na} を逐次決定する. 同様に、$a < n$ なるすべての a に対する R_{an} が G_{an} から定まる. 最後に D_n が G_{nn} から定まり、こうして（32.14）が満たされる.

公式（32.12）の別のもう１つの書き方は、他の $L, F, D,\ R$ を用いた表式

$$G = e^L e^{F+D} e^R \tag{32.17}$$

である. 但し、再び、$a \leq m$ 且つ $b \leq m$ でなければ $F_{ab} = 0$ であり、また、$a > m$ 且つ $b > m$ でなければ $L_{ab}, D_a,\ R_{ab}$ は零である. 行列 F と D とは可換だから $e^{F+D} = e^F e^D$ であることに注意せよ.

33. スカラー積の公式の妥当性

標準ケットと標準ブラとに関係した（23.7）の形のスカラー積の公式を考察しよう. それは一般の回転演算子 $\mathscr{S}$ を含む. $\mathscr{S}$ は逐次適用された無限小回転から構築されたものと考えよう. これら無限小回転の各々は $\mathscr{T}_1, \mathscr{T}_2$ または $\mathscr{T}_3$ 型である. そうすると、 $\mathscr{T}_1, \mathscr{T}_2$ または $\mathscr{T}_3$ 型の各 $\mathscr{T}_a$ を用いて

$$\mathscr{S} = \prod e^{\varepsilon \mathscr{T}_a}$$

である．さて、交換関係を考慮に入れてこれらの因子の配置換えを行うことにより、$\mathscr{T}_3$ を中央に残し、すべての $\mathscr{T}_1$ を左に、すべての $\mathscr{T}_2$ を右にもってゆくことができる．今や或る一定の型の無限小回転はすべて引続き現われており、これらはその型の有限回転を形成するようにまとめることができる．従って

$$\mathscr{S} = e^{\mathscr{T}_1} e^{\mathscr{T}_3} e^{\mathscr{T}_2}$$

を得る．

証明すべき公式（23.7）は、今や次のようになる：

$$\langle \bar{z}^{\sim} | e^{\mathscr{T}_1} e^{\mathscr{T}_3} e^{\mathscr{T}_2} | z \rangle = \{ \bar{z}^{\sim} e^{T_1} e^{T_3} e^{T_2} z \}^{\frac{1}{2}} \tag{33.1}$$

ここに T_1, T_2, T_3 は公式 $\mathscr{T} = \frac{1}{4}\xi^{\sim} T \xi$ に従って回転演算子 $\mathscr{T}_1, \mathscr{T}_2, \mathscr{T}_3$ に結び付けられる反対称行列である．

（30.2）により

$$e^{\mathscr{T}_2} | z \rangle = | z \rangle$$

その共役転置式は

$$\langle \bar{z}^{\sim} | e^{\mathscr{T}_1} = \langle \bar{z}^{\sim} |$$

である．ゆえに（33.1）の左辺は

$$\langle \bar{z}^{\sim} | e^{\mathscr{T}_3} | z \rangle$$

に帰着する．

ところで、$\mathscr{T}_2$ は

$$\mathscr{T}_2 = \bar{\eta}^{\sim} v \bar{\eta} = \frac{1}{2} \xi^{\sim} z v z^{\sim} \xi$$

という形をしている．ここに ν は反対称行列である．ゆえに

$$T_2 = 2z\nu z^{\sim}$$

である．これから $T_2 z = 0$ と $e^{T_2}z = z$ が得られる．同様に $\bar{z}^{\sim}T_1 = 0$ と $\bar{z}^{\sim}e^{T_1} = \bar{z}^{\sim}$ が得られる．ゆえに（33.1）の右辺は

$$\{\!\!\{\bar{z}^{\sim}\, e^{T_3}z\}\!\!\}^{\frac{1}{2}}$$

に帰着し、（33.1）は

$$\langle\bar{z}^{\sim}|e^{\mathscr{T}_3}|z\rangle = \{\!\!\{\bar{z}^{\sim}\, e^{T_3}z\}\!\!\}^{\frac{1}{2}} \tag{33.2}$$

となる．

（30.3）により

$$\mathscr{T}_3 = \tfrac{1}{4}\xi^{\sim}T_3\xi = \mathscr{B}_{\lambda} - \tfrac{1}{2}<\lambda>$$

と書ける．ここに T_3 は（28.10）により λ と

$$T_3 = \bar{z}\lambda z^{\sim} - z\lambda^{\sim}\bar{z}^{\sim} \tag{33.3}$$

のように結び付けられる．これから

$$(T_3)^2 = \bar{z}\lambda^2 z^{\sim} + z\lambda^{\sim 2}\bar{z}^{\sim}$$

および、帰納法により、

$$(T_3)^n = \bar{z}\lambda^n z^{\sim} + z(-\lambda^{\sim})^n\bar{z}^{\sim}$$

が導かれる．それゆえ

$$e^{T_3} = \bar{z}\, e^{\lambda}z^{\sim} + z\, e^{-\lambda^{\sim}}\, \bar{z}^{\sim} \tag{33.4}$$

と

$$\bar{z}^{\sim}\, e^{T_3} z = e^{-\lambda^{\sim}}$$

を得る.

証明しようとしている公式（33.2）は今や

$$\langle \bar{z}^{\sim} | \exp(\mathscr{B}_\lambda - \tfrac{1}{2} < \lambda >) | z \rangle = \{\!\{ e^{-\lambda^{\sim}} \}\!\}^{\frac{1}{2}}$$

$$= \{\!\{ e^{-\lambda} \}\!\}^{\frac{1}{2}} \qquad (33.5)$$

に帰着する.

$e^{\mathscr{T}_3}$ 型の回転演算子はこの型の回転演算子 2 個の積、例えば、

$$e^{\mathscr{T}_3} = e^{\mathscr{T}'_3}\, e^{\mathscr{T}''_3} \qquad (33.6)$$

であると考えてよい.（33.6）の成り立つ条件は、これに対応する方程式

$$e^{T_3} = e^{T'_3} e^{T''_3} \qquad (33.7)$$

が反対称行列 T_3, T'_3, T''_3 の間に成り立つことである.（33.3）に対応して

$$T'_3 = \bar{z}\lambda' z^{\sim} - z\lambda'^{\sim}\bar{z}^{\sim}$$

$$T''_3 = \bar{z}\lambda'' z^{\sim} - z\lambda''^{\sim}\bar{z}^{\sim}$$

と置こう. そうすると（33.4）に対応して

$$e^{T'_3} = \bar{z}\, e^{\lambda'} z^{\sim} + z\, e^{-\lambda'^{\sim}}\, \bar{z}^{\sim}$$

$$e^{T''_3} = \bar{z}\, e^{\lambda''} z^{\sim} + z\, e^{-\lambda''^{\sim}}\, \bar{z}^{\sim}$$

を得る. 条件（33.7）は今や

$$\bar{z}\, e^{\lambda} z^{\sim} + z\, e^{-\lambda^{\sim}}\, \bar{z}^{\sim} = (\bar{z}\, e^{\lambda'} z^{\sim} + z\, e^{-\lambda'^{\sim}}\, \bar{z}^{\sim})$$

$$\times (\bar{z}\, e^{\lambda''} z^{\sim} + z\, e^{-\lambda''^{\sim}}\, \bar{z}^{\sim})$$

$$= \bar{z}\, e^{\lambda'}\, e^{\lambda''}\, z^{\sim} + z\, e^{-\lambda'^{\sim}} e^{-\lambda''^{\sim}}\, \bar{z}^{\sim}$$

となる．これは

$$e^{\lambda}=e^{\lambda'}e^{\lambda''} \tag{33.8}$$

に帰着する．

方程式（33.6）は

$$\exp(\mathscr{B}_{\lambda}-\tfrac{1}{2}<\lambda>)=\exp(\mathscr{B}_{\lambda'}-\tfrac{1}{2}<\lambda'>) \times \exp(\mathscr{B}_{\lambda''}-\tfrac{1}{2}<\lambda''>) \tag{33.9}$$

と書けるが、われわれは以上のようにして、この方程式は（33.8）が成り立つときに成り立つ、という結果を得る．明らかに、それは右辺における２個以上の因子の積に拡張され得る．

極限

$$\lim_{n\to\infty}\langle\!\langle .e^{-\lambda}.{}_{n}\rangle\!\rangle$$

が存在して零でない、としよう．そうすると、

$$\text{すべての}n\geq m\quad\text{に対して}\langle\!\langle .e^{-\lambda}.{}_{n}\rangle\!\rangle\neq 0$$

であるような、或るmが存在しなければならない．よって前節の一般定理から、$e^{-\lambda}$を（32.17）の形に、或いは、L, F, D, R　の符号を変えて

$$e^{-\lambda}=e^{-L}e^{-F-D}e^{-R} \tag{33.10}$$

の形に表現することができる．そうすると

$$\begin{aligned}\langle\!\langle e^{-\lambda}\rangle\!\rangle &= \langle\!\langle e^{-F-D}\rangle\!\rangle \\ &= e^{-<F+D>}\end{aligned} \tag{33.11}$$

を得る．なぜなら、無限行列式に対する２つの定義（32.1）と（32.2）はe^{-F}型とe^{-D}型の行列に対しては一致するからである．

方程式（33.10）は

$$e^{\lambda} = e^{R}\, e^{F+D}\, e^{L}$$

となる．それゆえ（33.9）なる結果を、右辺に3因子をもつものに適用すると

$$\exp(\mathscr{B}_{\lambda} - \tfrac{1}{2}<\lambda>)$$
$$= \exp\mathscr{B}_{R}\, \exp(\mathscr{B}_{F+D} - \tfrac{1}{2}<F + D>)\, \exp\mathscr{B}_{L}$$

を得る．L方式で作業すると、（31.4）から

$$e^{\mathscr{B}_L}|z\rangle = |z\rangle \qquad e^{\mathscr{B}_D}|z\rangle = |z\rangle$$

である．これらのうち、初めの方程式の転置式は

$$\langle\bar{z}^{\sim}|e^{\mathscr{B}_R} = \langle\bar{z}^{\sim}|$$

を与える．最後に（31.3）から

$$e^{\mathscr{B}_F}|z\rangle = |z\rangle$$

を得る．よって（33.5）の左辺は

$$\langle\bar{z}^{\sim}|\, \exp\mathscr{B}_{R}\, \exp(\mathscr{B}_{F+D} - \tfrac{1}{2}<F + D>)\, \exp\mathscr{B}_{L}|z\rangle$$
$$= \exp(-\tfrac{1}{2}<F + D>)$$

である．これはまさに（33.11）の平方根であり、従って、（33.5）の右辺に等しい．よってスカラー積の公式は証明された．

34. ボゾンのエネルギー

各η_aは、或る定まったエネルギー E_a をもつ1個のフェルミオンの生成演算子であると考えよう．そしてそのエネルギー値は或る極小値から無限大にまで走るものと仮定しよう．これはわれわれが物理学的応用において出会うであろ

う情況である．その場合、すべてのフェルミオンの全エネルギーは、演算子

$$W = \sum_a E_a \eta_a \bar{\eta}_a$$

によって表現されるであろう．それは象徴的には

$$W = \eta^{\sim} E \bar{\eta}$$

と書ける．ここにEは要素 E_a をもつ対角行列を表わす．

L 方式を採用すると、(31.4) から

$$W|z\rangle = 0$$

である．これは粒子の全く無い状態$|z\rangle$が零エネルギーをもつことを意味する．

さて、1個のボゾンの生成演算子 $\mathscr{B}_R$ を考えよう．これらのボゾンの1つが存在する状態は

$$\mathscr{B}_R|z\rangle$$

である．この状態のエネルギーを求めよう．

$<ER - RE>$ は零であるから、(30.1) により

$$W\mathscr{B}_R|z\rangle = (W\mathscr{B}_R - \mathscr{B}_R W)|z\rangle$$

$$= \mathscr{B}_{ER-RE}|z\rangle$$

である．(これは行列Eがたとえ有界でなくても対角的であるがために生じる単純性から成り立つ結果である．) エネルギーの1つの固有状態にある1個のボゾンをもつためには、Rを次のように選ぶことが必要である．即ち、kをaやbと独立な或る数として、aとbが∞に向かうとき

$$(ER - RE)_{ab} \to kR_{ab} \tag{34.1}$$

であるようにRを選ぶことが必要である．条件 (34.1) は

$$(E_a - E_b - k)R_{ab} \to 0 \tag{34.2}$$

を与える．

この条件は R_{ab} を次のように選ぶことによって満たすことができる．即ち、a の大きな値の各々に対して、b の 1 つの値 $b = f(a)$ に対するものを除いて R_{ab} が零で、しかも b のこの値は、$a \to \infty$ のとき

$$E_a - E_{f(a)} - k \to 0$$

であるようなものである．(34.2) は R_{ab} をこのように選ぶことによって満たすことができる．ところで、われわれの扱っているのは右行列であるから、$f(a)$ は a より大きくなければならない．そして、もし E_a が a と共に連続的に増加するならば、k は負でなければならない．よってそのボゾンは負エネルギーもつ、という結果を得る．

例えば、a の値のすべてに対して零でない R_{ab} をもつ代りに、$\dot{a}$ の値の唯 1 つの選択に対してだけ零でない R_{ab} をもつことによって、(34.2) を満足させる方法を一般化することができる．しかし、そのようにしても、負エネルギーから逃げる援けにはならない．

35. 物理学的応用

それぞれ無限個の独立な状態を有するフェルミオンを、複数個含む物理理論を考察しよう．η_a はフェルミオンの生成演算子を表わすものとする．粒子の全然存在しない状態は、

$$\text{すべての } a \text{ に対して } \bar{\eta}_a|0\rangle = 0 \tag{35.1}$$

を満足するようなケット $|0\rangle$ に対応する．

本書において確立された理論は、方程式 (35.1) がこの状態を固定するのに充分ではないことを示している．(35.1) を満たすケットで、単に数係数が異な

るだけではなくて、本質的に異なるケットが多数存在する．それらはいずれも個々のフェルミオン状態を順序付ける仕方の１つにそれぞれ連関している．この状態に対する１つの明確な記述を得るためには、１つのケット行列を必要とする．

例えば、これまで標準として用いてきた正規直交ケット行列 z を採って、$|0\rangle = |z\rangle$ を採用してもよい．或いは、それとは異なり $|0\rangle = |z^*\rangle$ を採用することもできよう．ここに

$$z^* = z\alpha$$

であり、α はその行が z の列と整合し、両側において有界な逆行列を有する任意の有界行列である．$|z\rangle$ と $|z^*\rangle$ は共にすべての方程式（35.1）を同様によく満たす．

α の選択には多大の自由度が存在する．α の行と列とは整合していなくてもよい．その場合には z^* の列は z の列と整合しないであろうし、また、§27の分類によれば、それは異種のケット行列であろう．それは $|z^*\rangle$ を、ヒルベルト空間における回転群の同じ表現に属しない異種のケットにするであろう．

行と列とが整合している α に話を限ろう．そうすると、$|z\rangle$ を $|z^*\rangle$ に変えるような回転演算子 $\mathscr{R}$ が存在する：

$$|z^*\rangle = \mathscr{R}|z\rangle$$

そして $\mathscr{R}$ は

$$\mathscr{R} = \exp(\mathscr{B}_\lambda - \tfrac{1}{2}<\lambda>)$$

の形をもつ．ここに $\mathscr{B}_\lambda$ はボゾン変数である．（q の代りに z と置いた）（18.7）と（33.4）とを比較すれば解るように、λ と α との関係は

$$e^{-\lambda} = \alpha^{\sim}$$

によって与えられる.

フェルミオン変数の数が無限大であるとすると、われわれは、フェルミオン変数だけから出発する理論において自動的に出現するボゾン変数をもつ. 電子と関連を有するそのようなボゾン変数が存在するに違いない. それらの物理的意義は今後の研究課題の1つである. それらは負エネルギーをもつ、従って、真空に対して通常要求されるような最低エネルギー状態は全く存在しない.

以上では、理論は、フェルミオン状態が離散的であるとの仮定に基づいて展開されてきた. 通常、物理学において扱われるフェルミオン状態は連続的な範囲に亙っている. 理論はそのような場合に適用できるように修正され得る. 反交換関係（19.5）のクロネッカーδをδ関数に置き換えるという標準的な規則を踏襲すれば、それで作業するための定まった非可換代数が得られる. しかし、無限行列式に対する定義（32.2）はもはや適用可能ではなく、従って、スカラー積の公式は用いることができない.

訳　　注

訳　注1）． 著者は「*perpendicular*」と「*orthogonal*」とを区別して両者を異なる意味に用いている．これらの訳語として前者には「垂直」，後者には「直交」の語を用いた．

訳　注2）． m 個の互いに垂直なヌルベクトルの成分の，実数部分と虚数部分は，$2nm$ 個であるが，これらは垂直性条件 (4·1) によって関係づけられている．(4·1) は，$m(m+1)/2$ 個の式だが，実部と虚部とからなるから，計 $m(m+1)$ 個の条件を与える．ゆえに独立な実数成分は $2nm-m(m+1)$ 個である．m 個のヌルベクトルの組を，線型変換 $p_a=\sum_{b=1}^{m}C_{ab}q_b$ によって，q_a から p_a に変換しても，もとのヌル平面は p_a によっても張られる．変換係数 C_{ab} に含まれる実パラメタは $2m^2$ 個である．ゆえに，この最大ヌル平面を特定するのに必要な独立の実パラメタの個数は $2nm-m(m+1)-2m^2$ である．これに，n が偶数か奇数かに応じて $m=n/2$, $m=(n-1)/2$ を用いると，本文の結果を得る．

訳　注3）． 次のようにしても証明できる．R の固有値 $\lambda(\neq\pm1)$ に属する固有ベクトルの張る空間の互いに独立なベクトルの個数を k とし，この固有ベクトルを $u^{(l)}(l=1,2,\cdots\cdots,k)$ とすると

$$Ru^{(l)}=\lambda u^{(l)} \qquad (l=1,2,\cdots\cdots,k)$$

この両辺の複素共役をとり，R が実であることを用いると

$$R\bar{u}^{(l)}=\bar{\lambda}\bar{u}^{(l)}, \qquad (l=1,2,\cdots\cdots,k)$$

この両辺に $R^{\sim}$ を作用し，$R^{\sim}R=1$ を用いると，

$$R^{\sim}\bar{u}^{(l)}=\bar{\lambda}^{-1}\bar{u}^{(l)}, \qquad (l=1,2,\cdots\cdots,k)$$

よって

$$\lambda(\bar{u}^{(l)}, u^{(l)}) = (\bar{u}^{(l)}, \lambda u^{(l)}) = (\bar{u}^{(l)}, Ru^{(l)})$$
$$= (R^{\sim}\bar{u}^{(l)}, u^{(l)}) = \bar{\lambda}^{-1}(\bar{u}^{(l)}, u^{(l)}),$$

ゆえに　$\lambda\bar{\lambda} = 1, \quad \lambda = e^{id}$　(α: 実).

以上の逆もまた成り立つ．よって固有値 $\lambda(= e^{id} \neq \pm 1)$ に属する独立な固有ベクトルの個数は固有値 $\lambda^{-1} = e^{-id}$ に属する固有ベクトルの個数に等しい．

訳　注4)． 全空間を，実回転 R の固有値，$\lambda=1$，$\lambda=-1$，$\lambda \neq \pm 1$ に属する固有ベクトル空間に分けて考察する．

i）　$\lambda=1$ に属する固有ベクトル空間．この空間のどのベクトルに対しても，A の固有値 a_1 を $a_1=0$ ととるのだから，この空間を実ベクトルで張った場合，その中のどの実ベクトルに A を作用させても O を与える．

ii）　$\lambda=-1$ に属する固有ベクトル空間．本文にあるように，この空間内に1つの最大ヌル平面をえらび，これとその共役ヌル平面とで，この空間を張ることができる．最大ヌル平面の1つのベクトル $u(1)$ に対しては，共役ヌル平面の1つのベクトル $u(2)=\bar{u}(1)$ が対応する．本文のように，最大ヌル平面のベクトルに対して $a_{-1}(1)=i\pi$ととり，共役ヌル平面内のベクトルに対しては $a_{-1}(2)=-i\pi$ ととるのだから，

$$Au_{-1}(1) = i\pi u_{-1}(1), \quad A\bar{u}_{-1}(1) = Au_{-1}(2) = -i\pi\bar{u}_{-1}(1).$$

固有ベクトル空間は実ベクトル，$u(1)+\bar{u}(1)$，$iu(1)-i\bar{u}(1)$ 等で張られるが，これらに A が作用すると，すべて，

$$A(u(1)+\bar{u}(1)) = \pi(iu(1)-i\bar{u}(1)) = \text{実},$$
$$A(iu(1)-i\bar{u}(1)) = -\pi(u(1)+\bar{u}(1)) = \text{実}$$

のように実ベクトルを与える．

iii）　$\lambda \neq \pm 1$ に属する固有ベクトル空間．

訳注3）で述べたように，λ の絶対値は1で，$\lambda = e^{i\alpha}$（α: 0でない実数）であり，$\lambda^{-1} = e^{-i\alpha} = \bar{\lambda}$ も R の別の固有値である．ゆえに

$$a_\lambda = \log\lambda = i\alpha, \qquad a_{\lambda^{-1}} = \log(1/\lambda) = -i\alpha$$

ととって，本文にあるように

$$a_\lambda + a_{\lambda^{-1}} = 0$$

とすることができる．ところで訳注3）で述べたように $\bar{u}_\lambda$ は R の固有値 λ^{-1} に属

する固有ベクトルである．当該ベクトル空間は，実ベクトル，　$u_\lambda+\bar{u}_\lambda(=u_\lambda+u_{\lambda-1})$, $iu_\lambda-i\bar{u}_\lambda(=iu_\lambda-iu_{\lambda-1})$ 等で張ることができるが，これら実ベクトルに A を作用さ させると，

$$A(u_\lambda+\bar{u}_\lambda)=\alpha(iu_\lambda-i\bar{u}_\lambda)=\text{実},$$

$$A(iu_\lambda-i\bar{u}_\lambda)=-\alpha(u_\lambda+\bar{u}_\lambda)=\text{実}$$

のように，すべて実ベクトルを与える．

以上により，本文のように選んだ A は実である．

訳　注5）． 前の訳注3）を参照のこと．

訳　注6）． R の固有値 λ に属する固有ベクトルを u_λ とする：$Ru_\lambda=\lambda u_\lambda$. 両辺に左から $R^\sim$ を作用させて $R^\sim R=1$ を用いると

$$R^\sim u_\lambda=\lambda^{-1}u_\lambda$$

を得る．$R^\sim$ と R とを結ぶ変換行列を T:

$$TR^\sim T^{-1}=R$$

とし，前式に T を作用させると

$$TR^\sim T^{-1}Tu_\lambda=R(Tu_\lambda)=\lambda^{-1}(Tu_\lambda)$$

を得る．故にベクトル Tu_λ は R の固有値 λ^{-1} に属する固有ベクトルである．

訳　注7）． y を

$$y=C_aq_a+C'_a\bar{q}_a+eq_0$$

としよう．y はすべての q_k と垂直なのだから

$$0=(q_k,y)=C_a(q_k,q_a)+C'_a(q_k,\bar{q}_a)+e(q_k,q_0)$$

しかるに　$(q_k,q_a)=0$,　$(q_k,q_0)=0$,　$(q_k,\bar{q}_a)=\delta_{ka}$

よって　$C'_k=0$　を，従って

$$y=C_aq_a+eq_0$$

を得る．C_a がゼロでなくても方程式 (15·3) は方程式 (15·2) により，y の C_aq_a 項は落とせて

$$(y_r\xi_r+1)\ |Q>=0$$

ここに

$$y=eq_0$$

となる．y も q_0 も長さが 1 であるから

$$1 = (y, y) = e^2(q_0, q_0) = e^2,$$

従って
$$y = \pm q_0$$

訳　注8）． もし

$$\nu^{\sim} q = 0$$

を満たす ν が実であったとすると，この方程式の複素共役は

$$\nu^{\sim} \bar{q} = 0$$

であり，q と $\bar{q}$ を並べて大きい正方行列をつくると

$$\nu^{\sim}(q, \bar{q}) = 0,$$

および，その転置式

$$\begin{pmatrix} q^{\sim} \\ \bar{q}^{\sim} \end{pmatrix} \nu = 0$$

が成り立つことになり，$\langle\!\langle q, \bar{q} \rangle\!\rangle = \left\langle\!\!\left\langle \begin{matrix} q^{\sim} \\ \bar{q}^{\sim} \end{matrix} \right\rangle\!\!\right\rangle = 0$，すなわち，行列 $(q, \bar{q})$ がゼロ固有値をもつこととなり，独立性定理に反することになる．

訳　注9）． 与えられたケット行列 p, q を結びつける直交行列の一般解を R_g とする：

$$p = Rq, \qquad R_g^{\sim} R_g = 1.$$

一方（18·1）で与えられる R は特殊解である：

$$p = Rq, \qquad R^{\sim} R = 1.$$

そうすると，両式から，

$$q = R^{-1} R_g q = Sq,$$

ここに

$$S \equiv R^{-1} R_g, \quad \text{すなわち，} \quad R_g = RS$$

である．S は

$$S^{\sim} S = R_g^{\sim} (R^{-1})^{\sim} R^{-1} R_g = R_g^{\sim} R_g = 1$$

でなければならない．すなわち S は，$q = Sq$ と $S^{\sim} S = 1$ との一般解でなければならない．

訳　注10).　方程式 (19·6) とその共役とから

$$\begin{pmatrix} \eta \\ \bar{\eta} \end{pmatrix} = \frac{1}{\sqrt{2}} \begin{pmatrix} \bar{z}^{\sim} \\ z^{\sim} \end{pmatrix} \xi.$$

しかるに，方程式 (7.4) においてケット行列 q として特に正規直交の $z(\bar{z}^{\sim} z = 1)$ をとると

$$z\bar{z}^{\sim} + \bar{z} z^{\sim} = 1,$$

すなわち

$$(z, \bar{z}) \begin{pmatrix} \bar{z}^{\sim} \\ z^{\sim} \end{pmatrix} = 1$$

を得る．よって，上の式に左から $(z, \bar{z})$ を乗ずると，

$$(z, \bar{z}) \begin{pmatrix} \eta \\ \bar{\eta} \end{pmatrix} = \frac{1}{\sqrt{2}} \xi,$$

したがって

$$\xi = \sqrt{2}\,(z\eta + \bar{z}\bar{\eta})$$

を得る．

訳　注11).　$|Q>$ を (20·2) の形に表わしたとき，(21·2) は

$$u^{\sim} \eta \psi(\eta) \mid Z> = 0 \qquad (A)$$

となる．いまもし

$$u^{\sim} \eta \psi(\eta) \neq 0$$

だとすれば，η の性質，$\eta_a^2 = 0$，により，ケット　$u^{\sim}\eta\psi(\eta) \mid Z>$　は独立な $2^{n/2}$ 個（または $2^{n/2-1}$ 個）のケット

$$\eta_a \eta_b \eta_c \cdots\cdots \mid Z> \qquad (B)$$

の和として表わされることになり，上のケット方程式 (A) はケット (B) の独立性と矛盾する．

ゆえに

$$u^{\sim} \eta \psi(\eta) = 0$$

でなければならない．

訳　注12)． $\ll p^{\sim} q \gg = 0$ の場合，2 ケット行列定理により，$\ll p, q \gg = 0$ であり，これは大きい正方行列 (p, q) が左においてゼロ固有値をもつこと，すなわち，

$$(p, q)\, V = 0 \qquad (C)$$

なるベクトル

$$V = \begin{pmatrix} v \\ w \end{pmatrix}$$

の存在することを意味する．ここに v も w も $n/2$ 個の成分をもつ．上の方程式 (C) はベクトル方程式

$$v_a p_a + w_a q_a = 0,$$

が成り立つこと，従って

$$u \equiv v_a p_a = -w_a q_a$$

なるベクトル u の存在を意味する．よって，(22･1) に $-w_a$ を乗じて和をとれば

$$u^{\sim} \xi \,|\, q > = 0$$

が得られ，同様にして

$$u^{\sim} \xi \,|\, p > = 0$$

が得られる．

訳　注13)． 無限次元の場合にも，訳注10) におけると同様にして

$$\xi = \sqrt{2}\,(z\eta + \bar{z}\bar{\eta})$$

を得る．

訳者あとがき

原著「Spinors in Hilbert Space」は著者 P. A. M. Dirac が1969年に University of Miami において行なった一連の講義を基に，その後1970年に手を加え，1974年 Plenum Press 社から出版したものである．

この書物に私が初めて出会ったのは，図書館の書架を何気なく物色していた時である．素通りしかけて，おやっ！　と後戻りして手に取ったのが最初であった．量子力学では，スピノルという術語もヒルベルト空間という術語も，既に何等目新しくないので，一見地味に見えるこの題目は見過ごしてしまい易い．しかし「ヒルベルト空間におけるスピノル」という両術語の組合せの非凡な点に引っ掛かりを感じたのであった．しかもその著者の名は Dirac であった．有限次元空間におけるスピノルの概念を，無限次元空間であるヒルベルト空間の場合に拡張することによって，著者は何を狙っているのであろうか？　また，その無限次元を物理現象の何と関連づけようとするのであろうか？　このようなことを考えながら目次に眼を走らせているうちに，眼にとまったのが，第28節の見出し，Failure of the Associative Law，である．その瞬間，私は約20年も昔のことを想い起こした．

1959年 9 月末，北イタリアの Torino 大学を訪れた Dirac 教授は，そこで10月初旬にかけ，間に休みの日をはさんで 3 回講義を行なった．1 回 1 時間の講義であった．当時私は G. Wataghin 教授の招きを受けて 1 年間 Torino 大学に滞在するために，Torino に着いてまだ間もない頃であった．Dirac 先生の講義の内容は，1958年の *Proc. Roy. Soc. London*, **246** に既に発表された論文で，一般化された Hamilton 力学，および，それに基づく重力理論の Hamilton 形式，についてであった．この論文は Torino に来る前に既に読んでいたが，はからずも，著者の口から直接聞く機会に恵まれたのである．講義は，予め丁寧に板書された式を，順次指し示しながら淡々と進められ，それは論文とそっくりそのまま同じであるように私には思われた．つまり，先生の論文は，充分に考え抜いた事柄を充分に選び抜いた表現で書かれているので，講義もそれ以外の表現はありえないのであろう．それは私にとって一つの驚きであった．一緒に出席していた若い研究生の一人は，後で私をからかった．講義を聴いている私の緊張した姿はまるで彫像のようであったと．この研究生が或る日の午後，これから Dirac 先生御夫妻を郊外の Sacra San Michele に案内するが同行しないかと誘ってくれた．そこは既に何日か前に Wataghin 先生に案内していただいた場所であるが，私は Dirac 先生に質問したいこともあったので，これ幸いと同行させてもらった．Dirac 先生は言葉数の少ない方ではあるが，お二人ともきさくな方で，お蔭で気の張らない半日を過ごすことができた．途中の車の中で私は先生の論文を読んだときから抱いていた或る疑問点を質問した．暫く考えた後，先生は極めて簡潔な返答を下さった．そこで勇を鼓して，その論文とは関係のないもう一つのより重要な質問をした．場の量子論はその誕生以来，紫外発散の困難という未解決の問題（これは繰り込み理論の成功によっても依然未解決である）を抱えているのであるが，この問題を先生はどのように解決しようと考えておられるかを知りたくて不躾な質問とは承知の上で敢えてお尋ねしたのであった．予想外にも即座にお答え下さった：「non-associative algebra が有望だと思う．量子力学では物理量を表現する演算子は non-commutable（非可換）であるが，associative law（結合則）は満足している．この結合則までも成り立たない代数が non-associative algebra である．」この答は，しかし，私にとっては全く思いも寄らぬ内容のものであった．非結合的代数なるものは，それまで見たことも聞いたこともなかったからである．私は急いであれこれと考えてみた．結合則の成り立つ理論では，演算子の積の相隣る演算子間に，完全系を張る中間状態の射影演算子の和を挿入することができるが，この中間状態からの量子論的効果は，結合則の成り立たない理論では何か本質的な変更を受け，それが紫外発散の除去につながり得るかもしれない．物理量の非可換性によって量子力学のこれまでの成果をほぼそのまま保持しつつ，更に，物理量の非結合性によって，場の量子論の生得的困難を除去することが可能ならば，それは量子力学を包摂する，より基本的な理論への一つの可能な方向を与えるものといえる．だが，どこにその手掛かりを求めたらよいのであろうか？更に立ち入って質問する時間は充分あったのだが，車の中のこととて書くものも持ち合せていないし，また，私の心もとない語学力のことも省みて，折角の行楽の邪魔をしても，との遠慮もあって，それ以上の質問を控えたのであるが，今から思えば惜しいことをしたものである．翌日，夕食のあと心地良い涼風を楽しみながら Via Roma を歩いていると，Dirac 先生御夫妻にばったり出会った．お二人もまた夕食後の散歩を楽しんでおられたようであった．明朝 Torino を出発されるという．お別れの挨拶をすると，「日本に帰ったら湯川教授に宜しく．幸運を祈ります.」との言葉を残して，交差路をゆっくりと横切って行かれた．その後はお目にかかる機会もなかった．

あの時からこの書物が出版されるまでには既に15年が経過しており，私がこの書物の存在に気がつくまでに更に数年が経過していたのであった．私は Dirac 先生に再会したような思いでこの本を読んだ．私の知る限りでは，この書物は先生のそれ以前のどの書物や論文にも公表されたことのない全く新しい内容から成っている．

本書では先ず $\boldsymbol{n}$ 次元ユークリッド空間におけるスピノル理論を特に回転演算子とケットおよびブラの概念に強調点を置きつつ，ヌルベクトル，ケット行列，および，反交換関係式に従う $\boldsymbol{n}$ 個の演算子を用いる独特の巧妙な方法で展開した後，無限次元へと拡張する．その際無限次元特有の事情として必然的に演算子の結合則の欠落が生じることが示される．無限の次元数は，例えば，一電子状態の数が運動量のいろんな値に応じて無数にあることに対応させることができる．フェルミオン変数だけから出発しても，演算子の結合則の欠落と密接な内的関連をもつボゾン変数が自動的に現われることが示される．このボゾンが如何なる物理的意義を獲得するかは，しかし，今後の課題として残されている．

1959年の秋に，Dirac 先生から聞きそびれた非結合的代数の手掛かりは，実に，スピノルの概念をヒルベルト空間に拡張する手続きの中に潜んでいたのであった．しかし，あの時の論点であった非結合的代数と紫外発散の除去との関連については，本書では全く触れられていない．この問題に対する先生の長年にわたる没頭にも拘らず，先生の目から見て，なお公表の段階に到達していなかったのであろう．それにしても，本書で展開されている内容は，一般に独立な一粒子状態の数が無限のフェルミ粒子を複数個含む物理的系に対して有する，その高い理論的普遍性から見て，今後，この紫外発散の問題に限らず，物理学の他の局面においても，どのような意義をもつに至るかは予断の限りではない．

最後になったが，この原著の邦訳の出版に当って吉岡書店編集部の上川正司氏に大変お世話になった，ここに厚く感謝の意を表する次第である．

1986 年 9 月

喜 多 秀 次

索　　引

ISBN4-8427-0000-9

物理学叢書
＊編　集＊
小谷正雄
（東京大学名誉教授）
小林稔
（京都大学名誉教授）
井上健
（京都大学名誉教授）
山本常信
（京都大学名誉教授）
高木修二
（大阪大学教授）

ヒルベルト空間のスピノル　1986 ©

1986年10月25日　第1刷発行

訳　者　喜多秀次（きたひでじ）

発行者　吉岡　誠

京都市左京区田中門前町87
株式会社　吉岡書店
電(075)781-4747／振替京都3-4624

昭和堂印刷所・清水製本

ISBN4-8427-0215-X

ヒルベルト空間のスピノル ［POD版］

2000年8月1日　　発行

著　者　　ディラック

発行者　　吉岡 誠

発　行　　株式会社 吉岡書店
〒606-8225
京都市左京区田中門前町87
TEL 075-781-4747　FAX 075-701-9075

印刷・製本　　ココデ印刷株式会社
〒173-0001
東京都板橋区本町34-5

ISBN978-4-8427-0284-1 C3342　Printed in Japan

本書の無断複製複写(コピー)は、特定の場合を除き、著作者・出版社の権利侵害になります。